Travel Schedule
여행 일정

끄적 끄적

주머니에 쏙! 가벼운 발걸음!
GO
Happy Tour
뉴질랜드
New Zealand
혜치연

이 책을 보는 방법

How to Use This Book

이 책은 크게 지역별 소개와 여행 정보의 두 부분으로 나뉘어져 있습니다. 지역별 소개 부분에서는 뉴질랜드를 크게 남과 북, 두 개의 섬으로 나누고 다시 오클랜드, 오클랜드 인근, 로터루아, 로터루아 인근, 웰링턴, 웰링턴 인근, 넬슨, 말보로, 크라이스트처치, 크라이스트처치 인근, 퀸스타운, 퀸스타운 인근, 더니든 등지의 주요 지역으로 나누어 자세하게 소개했습니다. 각 지역은 교통 정보, 지도 등의 기본 자료뿐만 아니라 관광명소, 쇼핑, 유명식당, 편리한 숙소 등의 정보도 함께 실었습니다.

여행 정보 부분에서는 뉴질랜드 여행 시 반드시 필요한 비자, 항공편, 날씨 등의 정보 외에도 교통정보 및 사용화폐 등을 자세히 소개하여 여행의 편의를 도모했습니다.

쉽게 알아볼 수 있도록 전화번호, 팩스, 주소, 홈페이지, 영업시간, 교통 등을 포함한 지역별 소개의 여행 정보는 모두 글씨를 확대하여 여행 중에도 편하게 읽을 수 있을 뿐만 아니라 알아보기 쉬운 범례로 표시하였습니다. 각 범례의 뜻은 다음과 같습니다.

🔷 지도페이지&좌표	🅕 팩스	홈페이지
🚗 교통	🕐 영업시간	@ E-mail
🏠 주소	🅗 휴업일	
☘ 전화	🆂 가격	

이 책에 표시된 가격은 모두 뉴질랜드 달러를 단위로 했으며, 책 속에 표시된 교통, 비용, 영업시간, 주소, 전화 등과 같은 변동성 항목은 각각 2006년 11월 이전에 수집된 자료를 기준으로 했습니다. 비용부분은 특별히 변동되기 쉬우니 참고하시기 바랍니다.

주머니에 쏙! 가벼운 발걸음! Happy Tour 뉴질랜드

⦿ **가볍고 편안한 크기, 두껍고 무거운 여행서는 BYE BYE!**
크기 10×21cm, 무게 200g, 편안하고 부담이 없어 주머니든 가방이든 어디든지 OK!!

⦿ **만족스러운 정보들이 ALL IN ONE!**
알짜 정보만 모아서 꼭 가보아야 할 관광 명소, 맛보아야 할 음식, 쇼핑 장소에 대한 정보를 모두 수록하였습니다.

⦿ **효율적인 구성으로 언제 어디서든 쉽게 찾아 사용한다!**
각 지역을 장과 절로 나누고 지도를 수록하여 필요한 정보를 쉽게 찾을 수 있습니다.

⦿ **관광 명소 + 식당 + 쇼핑 + 숙소, 나도 이제 여행전문가!**
책에 수록된 곳을 스스로 선택하여 자신이 원하는 완벽한 여행계획(2박 3일, 4박 5일)을 짤 수 있습니다.

⦿ **여행 필수 품목 No.1!**
참신하고 예쁜 디자인, 한손에 쏙 들어가는 사이즈, 비닐 표지로 싸여있어 어디든지 들고 다닐 수 있습니다.

지역 명칭
지역별 지도
교통 정보
명소(한국어 & 영어)
지역 색인 & 단원(명소 · 쇼핑 · 식당 · 숙박 등)
지도 좌표 & 페이지
명소 정보
명소 소개

라인 곤돌라, 플라이 바이 와이어, 번지 점프, 반지의 제왕 원정여행, 샷오버 제트, 퀸스타운 역사 유적 여행
쇼핑 : 더 몰, 에버그린 익스클루시브 기프트, Chico's
숙박 : Matakauri Lodge, Eichardt's Private Hotel, Resort Lodge, Backpackers Downtown Lodge, Deco Backpackers, Alpine Lodge, The Last Resort, Bumbles Backpackers, Queenstown YHA, Pinewood, Amber Lodge, Lakeside Motel

143 퀸스타운 인근 Around Queenstown

명소 : 마운틴 쿡, 밀포드 해협, 테 아나우, 테카포 호수, 와나카, 프란츠 조셉 빙하

150 더니든 Dunedin

명소 : 옥타곤, 라나크 성, 퍼스트 교회, 발드윈 거리, 더니든 기차역 , 노란 눈 펭귄 보호구역, 로열 알바트로스 센터, 오타고 반도 생태 여행, 남방 경관 루트, 카트린스
식당 : 스파이츠 맥주 양조장, 캐드버리 월드, 리프 레스토랑
숙박 : Elm Lodge, Next Stop Backpackers, Chalet Backpackers, Stafford Gables YHA, Kiwis Nest, Sahara Guesthouse & Mote

지도색인

기 타

172 여행 회화 Travel Conversation

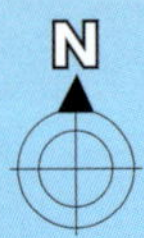
N

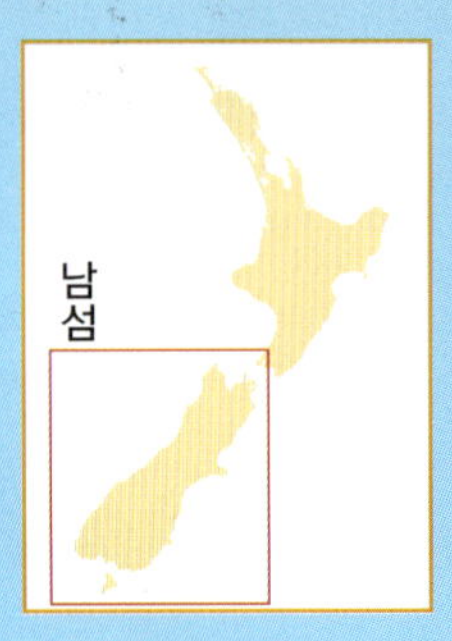
남
섬

뉴질랜드 전도

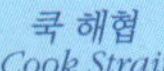

쿡 해협
Cook Strait
아벨 태즈먼 국립공원
Abel Tasman National Park
말보로
Marlborough
Karamea
넬슨
Nelson
픽튼 Picton
블레넘
Blenheim
67
6
69
63
65
7
그레이마우스
Greymouth
남
7
70
1
카이코우라
Kaikoura
73
6
아더스 패스 국립공원
Arthur's Pass National Park
프란츠 조셉 Franz Josef
마운트 쿡 국립공원
Mount Cook
National Park
73
크라이스트처치
Christchurch
6
1
77
하스트 Haast
80
79
애쉬버튼 Ashburton
하스트 패스 Haast Pass
8
테카포 호수
Lake
Tekapo
티마루 Timaru
6
밀포드 해협
Milford Sound
와나카
Wanaka
8
섬
83
82
퀸스타운 Queenstown
6
83
94
테 아나우 호수
Lake Te Anau
85
85
1
오아마루 Oamaru
테 아나우 Te Anau
87
94
97
8
피오르드랜드
국립공원
Fiordland
National Park
95
96
90
8
더니든
Dunedin
96
99
93
1
1
인버카길 Invercargill
포벡스 해협
Foveaux Strait
스튜어트 섬
Stewart Island

북섬

레인가 곶
Cape Reinga
베이 오브 아일랜드
Bay of Islands
카이타이아
Kaitaia
파이히아 Pahia
왕가레이 Whangarei
태즈먼 해
Tasman Sea
코로만델 반도
Coromandel Peninsula
오클랜드
Auckland
템스
Thames
마타마타 Matamata
해밀턴 Hamilton
타우랑가
Tauranga
베이 오브 플렌티
Bay of Plenty
카휘아 Kawhia
와카타네
Whakatane
북
와이토모 Waitomo
로터루아
Rotorua
타우마루누이
Taumarunui
타우포 Taupo
Tuai 기스본
Gisborne
타우포 호수
Lake Taupo
뉴 플리머스
New Plymouth
섬
와이로아
Wairoa
통가리로 국립공원
Tongariro National Park
호크스 베이
Hawke Bay
네이피어 Napier
헤이스팅스 Hastings
왕가누이 Wanganui
데니버크
Dennevirk
파머스톤 노스
Palmerston North
마스터톤
Masterton
어퍼 허트 Upper Hutt
로어 허트 Lower Hutt
웰링턴
Wellington
마틴보로
Martinborough
팰리서 곶
Cape Palliser
쿡 해협
Cook Strait

뉴질랜드로

떠나자!

뉴질랜드

Driving Routes in New Zealand

뉴질랜드에서 운전을 한다는 것은 하나의 즐거움이다. 국토면적에 비해 인구밀도가 낮아 오클랜드 등의 대도시를 제외하고는 교통체증이 적으며, 잘 발달된 고속도로는 눈길을 사로잡는 아름다운 풍경과 이어져 있어 여행에 즐거움을 더한다. 시원하게 쭉 뻗어있는 도로를 달리며 주변의 경치를 감상해보자! 쌓였던 스트레스가 단번에 사라지고 지쳐있던 심신은 새롭게 충전될 것이다.

정보

렌터카 회사

◎AVIS
www.avis.com/nz
뉴질랜드 국내 24시간 무료전화 (0800)655-111

◎HERTZ
www.hertz.co.nz
뉴질랜드 국내 24시간 무료전화 (0800)654-321

◎BUDGET
www.budget.co.nz
뉴질랜드 국내 24시간 무료전화 (0800)283-438

◎NATIONAL
www.nationalcar.co.nz
뉴질랜드 국내 24시간 무료전화 (0800)800-115

북섬(North Island)에는 조밀한 녹지대가 고속도로 양 옆으로 광활하게 펼쳐져 있다. 멀리 풀을 뜯고 있는 양들이 희고 작은 점을 찍어 놓은 것처럼 보인다. 녹지에서 가끔씩 피어나오는 연기는 북섬 화산지역의 가장 대표적인 경관이다. 남쪽으로 내려갈수록 풍부한 일조량과 따뜻한 기후로 달콤하고 맛있는 과일과 채소가 풍성하게 재배되며, 과수원과 포도원은 정리가 잘 되어 있다.

남섬(South Island)의 경관은 더욱 다양하며 변화가 많다. 평평한 들판이 있는가 하면 우뚝 솟은 눈 덮인 봉우리가 있고, 푸르른 호수가 있는가 하면 암벽을 타고 세찬 물줄기가 웅장한 기세로 떨어지는 폭포가 있다. 가는 곳마다 사람을 매료시키는 아름다운 경관이 연출되고 있는 것이다.

자가운전은 버스 여행처럼 노선의 제약을 받지 않고 자유롭게 일정을 계획할 수 있기 때문에 여행에 기동성을 더해주며 일반 여행에서는 맛볼 수 없는 색다른 묘미를 느낄 수 있다. 4인 동행일 경우 렌터카 비용을 분담하면 버스 비용보다 저렴하며 일행이 있으므로 개인여행 시보다 더욱 다채롭고 즐거운 여행이 될 것이다.

드라이빙 루트

편리한 렌터카 서비스

뉴질랜드의 렌터카 서비스는 상당히 발달되어 있어 매우 편리하다. 공항마다 수많은 렌터카 회사 데스크가 있고, 또 각 대도시마다 서비스 지점이 있어서 공항에 도착하자마자 차를 빌릴 수 있다. 그리고 A도시에서 빌려도 B도시에서 반납을 할 수 있기 때문에 반납을 위해 되돌아갈 필요가 없어 더욱 편리하다.

여행객은 인터넷으로 예약을 한 후 공항에서 차를 인수받는다. 운전자는 만 21세 이상이어야 하고 차를 인수받을 때 면허증을 제시해야 하므로 미리 국제 운전 면허증을 신청해서 가야 한다.

그 밖에 주의해야 할 점은 렌터카를 인수받을 시엔 이미 연료가 가득 차 있기 때문에 반납 시에도 꼭 연료를 가득 채워서 반납해야 한다. 차를 빌린 도시가 아닌 다른 도시에서 반납을 하거나 렌터카와 국내선 항공편 이용을 같이 하는 방법을 선택한 경우 미리 예약을 해 두면 도착지점에서 바로 차를 인수받을 수 있다.

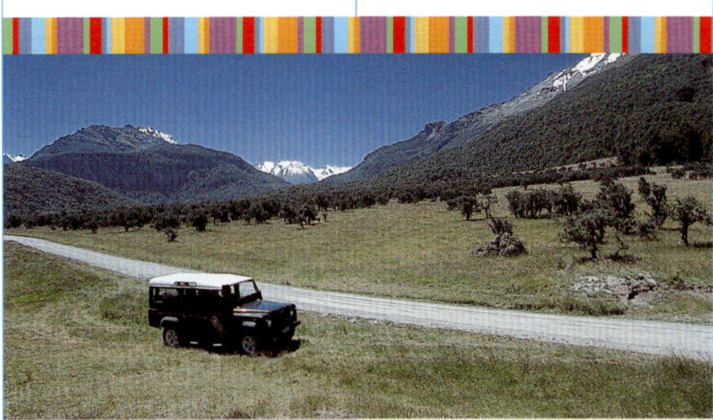

뉴질랜드 교통법규

뉴질랜드는 우리나라와 달리 도로 좌측으로 운전을 한다. 일반적으로 오클랜드와 기타 몇몇 대도시는 도로가 넓고 대부분이 2차선 도로이다. 도로 상황이 상당히 양호한 편이고 시속은 대부분 100km이며 시내에선 50km이다. 특히 교외에는 사람과 차가 적고 도로가 상당히 평탄하기 때문에 쉽게 시속 100km를 넘기게 되므로 주의를 해야 한다. 또 대부분의 갈림길에선 회전교차로가 신호등을 대신하기 때문에 운전할 때 감속을 해야 하며 순서대로 주행을 해야 한다. 그리고 반드시 운전자와 승객 모두 안전벨트를 착용해야 하며 4세 이하의 어린이는 어린이 안전의자를 부착해서 승차해야 한다.

북섬 : 마오리 문화, 야외활동, 온천

이 노선은 북섬의 가장 주요한 여행 명소를 경유하는 코스다. 뉴질랜드의 출입구인 오클랜드를 시작으로 로터루아와 그 주변의 와이토모, 타우포로 이어진다. 오클랜드는 각종 범선관련 활동이 많아 「범선의 도시」로 유명하다. 로터루아에서는 마오리족 문화체험과 편안한 온천욕을 즐길 수 있다. 와이토모와 타우포도 각종 야외활동으로 유명하다.

【드라이빙 루트】

오클랜드
(Auckland)

↓ 1번국도, 127km

해밀턴
(Hamilton)

↓ 3번국도, 78km

와이토모
(Waitomo)

↓ 3번국도, 78km

해밀턴
(Hamilton)

↓ 1번국도, 56km

티라우
(Tirau)

↓ 5번국도, 53km

로터루아
(Rotorua)

↓ 5번국도, 76km

타우포
(Taupo)

총 거리 약 468km

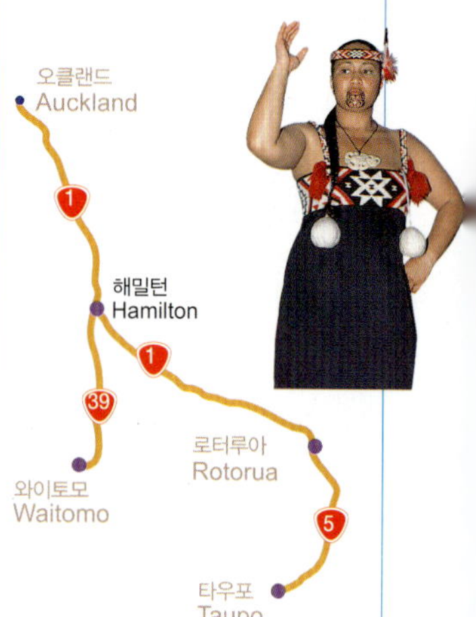

제1코스 **오클랜드**

오클랜드는 수많은 여행객들이 방문하는 뉴질랜드의 제1코스로 시내의 와이테마타(Waitemata) 항은 백색의 범선들로 가득 차 있다. 그중 프라이드 오브 오클랜드(Pride of Auckland)와 경주 범선 NZL40은 범선 활동을 체험할 수 있는 좋은 선택으로 코치의 지도하에 풍력으로 전진하는 범선의 조종법을 배우게 된다. 고공 익스트림 스포츠를 즐기는 사람이라면 스릴을 맛볼 수 있는 스카이 타워(Sky Tower)의 번지점핑에 도전해 볼 만하다. 그리고 하버 브리지(Harbour Bridge)에 가면 다리 위에서의 또 다른 항만 풍경을 감상할 수 있다.

제2코스 **와이토모**

와이토모는 석회암 지대로 여러 개의 종유동굴이 있다. 반딧불의 미광과 석회암 동굴 지형을 이용해 발전시킨 탐험활동으로 유명하다. 블랙 워터 래프팅(BWR : Black Water Rafting)은 튜브를 타고 어두운 동굴 안에서 물결을 타고 표류해 가는 것이고, 로스트 월드(Lost World)는 로프를 이용해 하강하는 것으로 깊은 삼림의 바위동굴로 이어져 스릴을 느낄 수 있다.

제3코스 **로터루아**

온천지대로 대표되는 로터루아의 폴리네시안 스파(Polynesian Spa)는 관광객들을 만족시키는 인기 최고의 온천이다. 헬스 게이트(Hell's Gate) 온천은 특색 있는 머드 온천으로 예뻐지고 싶은 사람이라면 절대 지나쳐선 안 되는 곳이다. 로터루아에도 뉴질랜드 최대의 마오리 부락이 있으며 타마키 투어(Tamaki Tour)를 통해 마오리 족의 춤과 조각, 문신, 전통 음식 등을 즐길 수 있다.

제4코스 **타우포**

타우포 호수는 뉴질랜드 최대의 호수이다. 잔잔한 수면은 카누를 타기에 매우 적합하며 호수에서 바라보는 호암의 풍경은 또 다른 느낌을 자아낸다. 타우포 호수로 흐르는 와이카토 강(Waikato River)은 수량이 풍부하다. 그중 11m 높이의 후카 폭포(Huka Falls)는 장관을 이룬다. 시속 80km의 속도로 빠르게 강을 가로지르는 후카 제트(Huka Jet)를 타면 폭포를 가장 가까이에서 감상할 수 있는데 세찬 물살 위에서 최고의 스릴을 느낄 수 있을 것이다.

북섬 : 예술, 와이너리, 시골마을

웰링턴을 시작으로 하여 수도 주변의 각 특색 있는 마을을 방문하는 이 노선은 웰링턴 주민들이 주말이나 휴일에 자주 이용한다.

수도 웰링턴은 문화의 도시로 다양한 예술문화, 상품전시 및 공연활동이 활발하게 펼쳐지고 있다. 마틴보로에는 우수한 와이너리가 많이 있는데 대부분 최고품질의 와인을 보유하고 있다. 그레이타운은 여러 가지 남다른 성격의 상점이 많고 네이피어는 예술적 품격이 살아있는 도시이다. 네이피어 외곽에는 많은 와이너리가 있으며, 뉴질랜드 제일의 와이너리 또한 이곳에 있다.

【드라이빙 루트】

웰링턴
(Wellington)
↓ 2번국도, 64km
페더스톤
(Featherston)
↓ 53번국도, 18km
마틴보로
(Martinborough)
↓ 53번국도, 18km
페더스톤
(Featherston)
↓ 2번국도, 13km
그레이타운
(Greytown)
↓ 2번국도, 256km
네이피어
(Napier)

총 거리 약 369km

제1코스 **웰링턴**

문화 수도라는 이름을 가지고 있는 웰링턴에는 국립 박물관, 갤러리, 각종 예술 공연 단체, 극장 등이 있어 1년 내내 문화 활동이 끊임없이 펼쳐지고 있다. i-SITE에 있는 예술 문화 지도를 참고해 시간 분배를 잘 하면 멋진 예술 문화 공연 등을 관람할 수 있다. 그중 테 파파 박물관(Te Papa)은 뉴질랜드에서 가장 멋진 박물관으로 각종 문물과 음향이 어우러져 과거와 현재, 미래를 한꺼번에 보는 것 같은 느낌을 준다.

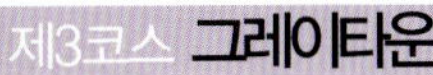

제3코스 **그레이타운**

발걸음이 느긋해지는 작은 마을 그레이타운은 뉴질랜드 최초로 개발된 내륙 도시이다. 시가지는 빅토리아 시대 분위기로 조성되었다. 이곳에는 유럽의 골동품을 수집해 둔 웨이크필드 앤티크(Wakefield Antique), 화려한 장식품을 판매하는 본본(Bon Bon), 프랑스 파티쉐가 설립한 더 프렌치 베이커(The French Baker)와 초콜릿으로 유명한 초크 초콜릿 테라피 숍(Schoc Chocolate Therapy Shop) 등의 많은 상점이 있는데 각 상점마다 독특한 특색을 지니고 있어 많은 사람들에게 사랑받고 있다.

제2코스 **마틴보로**

마틴보로는 유명한 와인 산지로 가족 단위로 경영하는 자그마한 와이너리가 많다. 규모는 크지 않지만 기업의 관리나 개입 없이 각 가문이 자신들의 경험에 의한 지식을 와인 주조 방식에 반영하며 직접 포도를 재배해서 그 품질을 유지한다. 이곳의 와이너리에서 주조된 맛있는 와인은 금방 입소문으로 유명해졌고, 그 대표적인 곳이 바로 티로하나 이스테이트(Tirohana Estate)이다. 마틴보로 와인 센터는 마틴부루의 모든 와인을 수집하고 있어 각 가문의 와인을 한 번에 맛볼 수 있다.

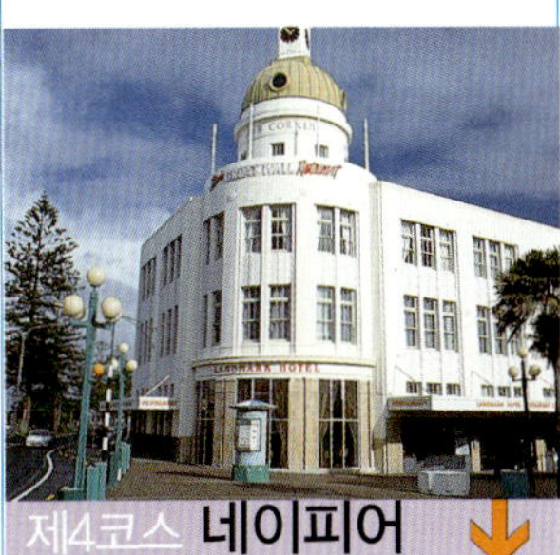

제4코스 **네이피어**

대규모의 지진으로 파괴된 네이피어는 주민들의 협력으로 재건되었다. 그 후 도시 전체에 예술적인 품격이 넘치는 건축물을 세우고 장식하며 「장식 예술의 도시」라는 이름을 얻게 되었다. 관광객들은 특색 있는 건축물과 구석구석에 숨어있는 아름다운 광경에 깊이 매료된다. 네이피어의 교외 역시 와인의 산지이다. 미션 이스테이트(Mission Estate)와 처치 로드(Church Road)는 모두 역사와 전통이 깊은 와이너리이다. 이곳에서는 뉴질랜드 주조 사업의 발전 과정을 이해할 수 있다. 테아와 와이너리(Te Awa Winery)는 역사는 오래되지 않았지만 우아한 환경과 정갈하고 맛있는 음식으로 최고 주조 레스토랑의 영예를 안았다.

북섬+남섬 : 반지의 제왕, 킹콩, 나니아 연대기

【드라이빙 루트】

『반지의 제왕』은 세계적으로 흥행한 인기 영화이다. 영화 속 배경이 뉴질랜드라는 것이 알려지며 각국 영화 제작자들의 주목을 받게 되었다. 덕분에 많은 촬영 팀들이 웅장하고 변화가 다양한 이 일대의 풍경을 배경으로 영화 촬영을 하고 있다. 이 노선은 흥행작인 『반지의 제왕』, 『킹콩』, 『나니아 연대기』의 촬영지로 구성되었다. 오클랜드에서 웰링턴, 쿡 해협을 가로질러 남섬의 크라이스트처치까지 둘러보는 코스로 영화팬이라면 놓쳐서는 안 된다.

제1코스 오클랜드

오클랜드 북부의 우드힐(Woodhill)은 영화 『나니아 연대기』의 하얀 마녀 진영의 배경이 된 곳으로, 사륜 모터바이크를 타고 수림을 가로질러 해변까지 스릴 있는 어드벤처를 즐길 수 있다.

제2코스 마타마타

『반지의 제왕』에서 인상 깊은 장면의 하나로 평화롭고 유쾌한 호빗족 마을을 꼽을 수 있는데, 그 호빗의 마을이 바로 이 마타마타의 개인 농장 안에 위치하고 있다. 당시 촬영 팀이 설치한 배경, 연회나무, 방앗간, 작은 다리, 시장 그리고 오밀조밀한 작은 오두막이 모두 아직까지 그대로 유지되어 있다.

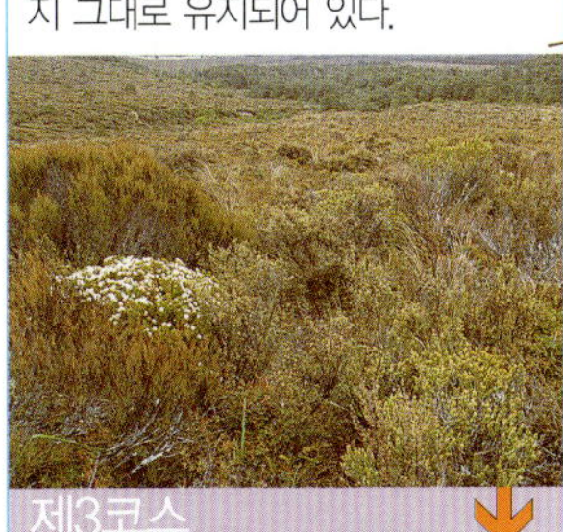

제3코스 통가리로 국립공원

『반지의 제왕』에서 절대 반지를 파괴하기 위해 프로도가 올랐던 마운트 둠(Mt. Doom)은 기이한 풍경의 통가리로 국립공원에서 촬영한 것이다. 국립공원 내의 호텔은 촬영 팀의 숙소이기도 했다. 많은 영화팬들이 영화 속에서 보았던 장면을 떠올리며 그 흔적을 찾으러 이곳을 방문하고 있다.

제4코스 웰링턴

『반지의 제왕』과 『킹콩』의 감독인 피터 잭슨(Peter Jackson)이 미라마(Miramar)에 필름제작소를 세워 이 일대에 적지 않은 상점이 생겨났다. 그중 초콜릿 피쉬 카페(Chocolate Fish Cafe)가 가장 유명하다. 빅토리아 마운틴(Mount Victoria) 부근의 숲 속 역시 『반지의 제왕』의 배경이다.

제5코스 크라이스트처치

크라이스트 처지 교외의 플록 힐(Flock Hill)은 바로 『나니아 연대기』에서 하얀 마녀와 피터가 결전을 벌인 장소이다. 겹겹이 우뚝 솟은 바위들이 양군 간에 교전 분위기를 두드러지게 했다. 극중 아슬란이 한밤중에 하얀 마녀의 진영으로 가는 통로와 옷장으로 통하는 가로등 역시 이 일대에서 촬영한 것이다.

남섬 : 고성, 와인, 시음, 예술

남섬 최대의 도시인 크라이스트처치를 기점으로 북쪽으로 말보로와 넬슨을 잇는 이 노선은 예술적인 분위기가 풍부한 명소들로 이루어진 코스이다. 크라이스트처치는 고성의 분위기를 풍기고 있으며, 거리를 오가는 전차, 에이번 강(Avon River) 위에 떠다니는 배, 그리고 시내의 오래된 건축물마저도 한적하고 고풍스러운 느낌을 간직하고 있다. 말보로에는 뉴질랜드에서 가장 광활한 포도원이 있는데 이곳에서 생산되는 와인 또한 세계적인 품질을 자랑한다. 넬슨은 명실상부한 예술의 도시이다. 수백 명의 예술가와 그들의 작업실, 갤러리, 그리고 얽매이지 않은 창의성을 펼쳐 보이는 의상 예술관 등 모두가 매력적인 곳이다.

제1코스
크라이스트처치

남섬 최대의 도시 크라이스트처치는 뾰족한 회색 탑의 옛 건축물들이 곳곳에 현존한다. 복고풍의 전차는 도시 한가운데를 천천히 달리며, 에이번 강은 시내를 가로질러 흐르고 있다. 도시 전체에 19세기 잉글랜드 분위기가 가득하다.

아트센터(The Art Centre)와 대성당 광장(Cathedral Square)의 대성당(Christ Church Cathedral) 모두 가장 주목받는 오래된 건축물로 아트센터는 전시장일 뿐만 아니라 예

【드라이빙 루트】
크라이스트처치
(Christchurch)

↓ 1번국도, 318km

블레넘
(Blenheim)

↓ 6번국도, 143km

넬슨
(Nelson)

총 거리 약 461km

술가들의 창작 공간이며 각 수공예품들이 집결하는 예술 장터이다.

제2코스 **말보로**

말보로는 뉴질랜드 최대의 와인 생산지이다. 블레넘은 이 지역의 중심 도시이며 와이너리가 밀집되어 있는 곳이기도 하다. 구획 정리가 잘 되어 있는 이곳의 포도원들은 마치 녹색 카펫이 대지에 펼쳐져 있는 것 같다.

와이너리 견학은 필수 코스이다. LVHM 기업 하의 클라우디 베이(Cloudy Bay)는 명주의 대표이며 에르족 와이너리(Herzog Winery)는 미슐랭(Michelin)지의 호평을 받은 레스토랑과 프랑스 전통의 주조 기술로 유명하다. 앨런스콧 와인즈(Allan Scott Wines)는 최신 주조 설비와 기술로 참신함이 돋보인다.

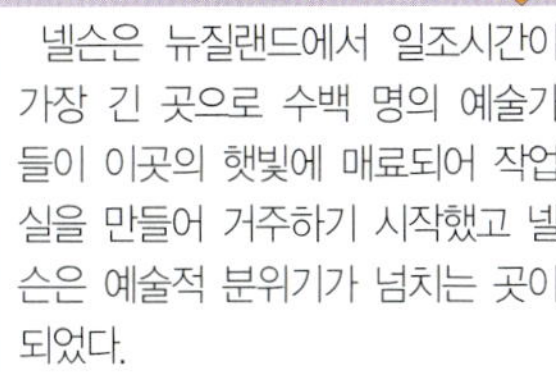

제3코스 **넬슨**

넬슨은 뉴질랜드에서 일조시간이 가장 긴 곳으로 수백 명의 예술가들이 이곳의 햇빛에 매료되어 작업실을 만들어 거주하기 시작했고 넬슨은 예술적 분위기가 넘치는 곳이 되었다.

브론테 갤러리(Bronte Gallery)에는 뉴질랜드 정통 자토창작품이 전시되어 있고, 젠스 한센 골드&실버스미스(Jens Hansen Gold and Silversmith)는 『반지의 제왕』의 절대반지를 제조한 곳이다. 사우스 스트릿 갤러리(South Street Gallery)에는 넬슨 도예가들의 작품이 전시되어 있고, 래핑 피쉬 스튜디오(Laughing Fish Studio)는 빛나는 색재와 활달한 조형물이 즐거운 분위기를 연출하는 곳이다. 더 쿨 스토어 갤러리(The Cool Store Gallery)는 각 영역의 예술 작품을 보유하고 있다. 넬슨은 또한 유명한 의상 예술 시상식의 개최지로 의상 예술 박물관에서 역대의 멋진 작품을 전시하고 있기도 하다.

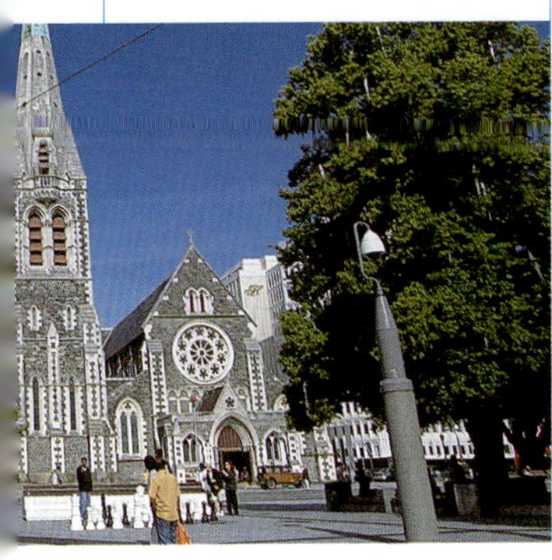

남섬 : 빙하, 해협, 모험

'살아있는 대자연의 지리교실'인 뉴질랜드의 남섬은 빙하작용으로 형성된 지형이다. 이 노선은 퀸스타운에서 출발하여 주변의 테 아나우와 밀포드 해협, 그리고 마운트 쿡을 지나게 된다. 퀸스타운의 자연환경은 모험을 즐기기에 적합하다. 긴 세월을 지나온 테 아나우의 석회암 동굴, 밀포드 해협은 웅장하고 아름다운 경치를 지니고 있다. 또, 마운트 쿡의 빙하는 대자연에 도전할 수 있는 좋은 장소이다.

【드라이빙 루트】

퀸스타운
(Queenstown)
↓ 6번국도, 110km
럼스덴
(Lumsden)
↓ 94번국도, 79km
테 아나우
(Te Anau)
↓ 94번국도, 116km
밀포드 해협
(Milford Sound)
↓ 94번국도, 116km
테 아나우
(Te Anau)
↓ 94번국도, 79km
럼스덴
(Lumsden)
↓ 6번국도, 110km
퀸스타운
(Queenstown)
↓ 6번국도, 90km
타라스
(Tarras)
↓ 8번국도, 80km
오마라마
(Omarama)
↓ 80번국도, 94km
마운트 쿡
(Mount Cook)

총 거리 약 874km

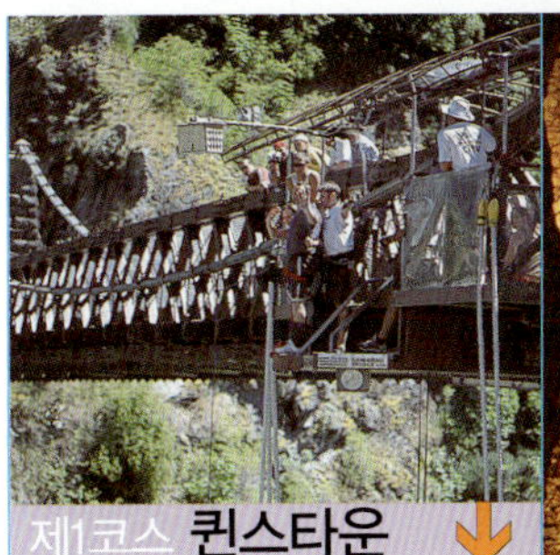

제1코스 퀸스타운

와카티푸 호수(Lake Wakatipu)에 인접해 있는 퀸스타운은 유유자적한 휴양지의 분위기가 가득하다. 한가로이 풍경을 감상하는 것과 더불어 활동적인 각종 익스트림 스포츠가 퀸스타운을 중요 휴양 도시로 만들었다. 번지점프, 제트보트, 패러글라이딩, 스카이다이빙과 같이 스릴을 만끽할 수 있는 야외활동이 뉴질랜드인의 *키위(kiwi:뉴질랜드의 국조) 정신을 대표한다.

Q.키위정신이란? A.영국민의 후예인 뉴질랜드 백인들은 스스로를 키위라고 부른다. 이는 키위 새처럼 평소에는 순박하지만 위기의 순간에는 죽음도 불사하는 용감한 기질을 빗댄 것이다. 키위정신은 평등과 관용을 기본으로 한다.

제2코스 테 아나우

북섬의 와이토모와 남섬의 테 아나우는 뉴질랜드의 양대 석회암 동굴 지형이다. 어두컴컴하고 축축한 동굴은 반딧불이 서식하기에 적합한 환경으로 이곳에 오면 무수히 많은 반딧불이 만들어내는 푸른 빛의 향연을 감상할 수 있다. 또 보트를 타고 석회암 동굴 내부의 용해된 모습을 구경할 수도 있다.

제3코스 밀포드 해협

험준한 암벽 아래로 떨어지는 폭포의 세찬 물줄기, 바로 이 풍경이 밀포드 해협을 세계 8대 자연경관으로 만들었다. 유람선을 타면 웅장한 대자연, 빙하가 녹아 형성된 물줄기와 그 양 옆으로 우뚝 솟은 산을 가까이에서 감상할 수 있다.

제4코스 마운트 쿡 산악지역

마운트 쿡은 뉴질랜드에서 가장 높은 산이다 끊임없이 이어지는 백색의 설봉은 한 폭의 그림 같은 풍경을 연출한다. 마운트 쿡 산악 지역의 태즈먼 빙하(Tasman Glacier)는 뉴질랜드 최대의 빙하이다. 헬리콥터를 타고 관망하거나 하이킹을 할 수도 있으며, 배를 타고 태즈먼 호를 유람할 수도 있다.

뉴질랜드

Taking Bus in New Zealand

뉴 질랜드는 국토가 넓고 지형의 변화가 많으며 우림, 해협, 빙하, 화산 등이 있어 유럽식의 철도 여행보다 고속도로 여행 방식이 더욱 알맞다. 그중 버스 여행은 외국인 관광객들에게 가장 환영받고 있다.

운송용 대중교통 수단과 달리 여행 위주의 고속버스는 절대적 자유로움과 탄력적인 스케줄 조정이 강점이다. 여행객은 자신이 원하는 곳에 내려 천천히 구경한 후 다음 버스로 여행을 계속할 수 있다. 버스 운전사는 운전 외에도 리더와 가이드를 겸하기 때문에 각 포인트에 대한 설명은 물론 매일 계획을 짜야 하고 숙박시설도 예약해야 한다.

이처럼 버스 여행은 자유 여행과 단체 여행의 장점을 동시에 누릴 수 있는 여행 방식이다.

인터시티 코치라인(InterCity Coachlines)

- 7:00~21:00
- 오클랜드 (09)913-6100
  웰링턴 (04)472-5111
  크라이스트처치
  (03)379-9020
  더니든 (03)474-9600
- (09)913-6121
- info@intercitygroup.co.nz
- www.intercity.co.nz
- 인터넷이나 전화, 팩스로 티켓 예매가능. 코스가 매우 다양하고 가격이 상당히 합리적이다. 여행 패키지(Sightseeing Packages)를 권하며, 그렇지 않으면 짐을 가지고 힘들게 여행을 해야 한다. 단, 인터시티는 예약을 해도 좌석이 있다는 보장이 없다.

인터시티는 뉴질랜드 국내에 600여 개의 지점이 있고 3,200여 개에 달하는 정류장에 정차한다. 절대로 운행이 취소되는 일이 없고, 승객이 단 한 명일지라도 평소대로 운행을 한다.

인터시티의 상품은 모두 세 종류가 있다. 그중 여행 패키지(Sightseeing Package)는 숙소 안내, 카세트 음성 가이드를 포함하고 있으며 코치 패시스(Coach Passes)의 유효 기간은 3개월이다.

버스 여행

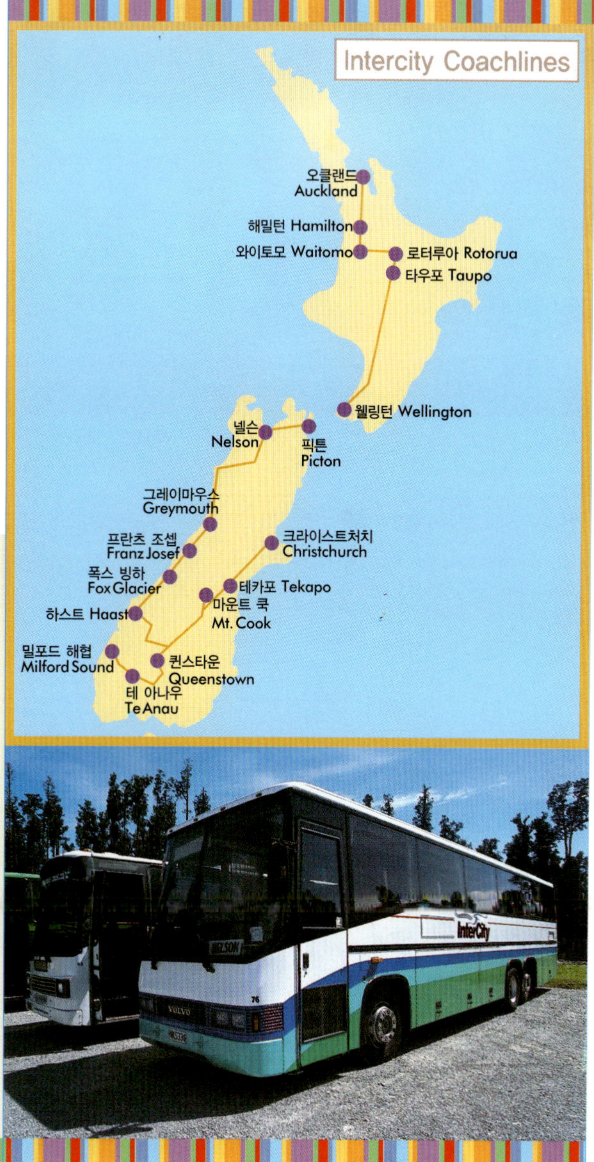

매직 트래블러즈 네트워크 (Magic Travellers Network)

🏠120 Albert Street,
　Auckland
☎(09)358-5600
📠(09)358-3471
@ info@magicbus.co.nz
🌐www.magicbus.co.nz
❗인터넷, 전화, 팩스로 예약 가능. 예약번호만 받으면 안심하고 출발해도 된다. 매직의 뉴질랜드 자유여행(Freedom of New Zealand)과 뉴질랜드 정수여행(Highlights of New Zealand)은 국제 청년 조직(YHA)과 연계되어 있다. 북섬과 남섬을 모두 돌아보는 코스가 최소 9일 NZ$689로, 일반 기차와 8일의 숙박이 포함되어 있다. 베이 오브 아일랜드(Bay of Islands)에서 더니든(Dunedin)까지의 여행 코스는 최소 23일 NZ$1,212이며, 14일의 숙박이 포함되어 있다.

매직의 버스는 흰색 바탕에 마오리 족의 목조, 제트보트, 고래 등 뉴질랜드의 상징이 그려져 있다. 매직이 강조하는 것은 여행객 자신의 의지와 선택의 자유 두 가지이다. 어떤 곳에 갈지, 어떤 활동에 참가할지를 스스로 결정할 수 있다는 것이다.

버스 티켓은 12개월 동안 효력이 있으며, 여행객은 1년 내에 자신이 원하는 곳에 날짜에 상관없이 머무를 수 있고 떠나기 24시간 전까지 버스 회사에 통지를 하면 다음 차량의 좌석을 배정받을 수 있다. 버스는 1주일에 4회 운행하며, 여름엔 매일 1회 운행한다.

수퍼 셔틀은 오클랜드 혹은 크라이스트처치의 공항에서 첫날 저녁 묵을 숙소까지 버스를 운행하며, 오클랜드에서는 시내 유스호스텔이나 국제 유스호스텔까지, 크라이스트처치에서는 크라이스트처치 시내 유스호스텔까지 운행한다.

Magic 노선
레인가 곶
Cape Reinga
오포노니 Opononi
파이히아 Paihia
코로만델 Coromandel
오클랜드 Auckland
휘티앙가 Whitianga
타이루아 Tairua
Thames
마운틴 망가누이 Mt. Maunganui
와이토모 Waitomo
로터루아 Rotorua
타우포 Taupo
투랑기 Turangi
네이피어 Napier
파머스톤 노스 Palmerston North
마스터톤 Masterton
아벨 태즈먼 Abel Tasman
픽튼 Picton
웰링턴 Wellington
넬슨 Nelson
웨스트포트 Westport
그레이마우스 Greymouth
카이코우라 Kaikoura
프란츠 조셉 Franz Josef
폭스 빙하 Fox Glacier
크라이스트처치 Christchurch
하스트 Haast
마카로라 Makarora
티마루 Timaru
밀포드 해협 Milford Sound
와나카 Wanaka
테 아나우 Te Anau
오아마루 Oamaru
퀸스타운 Queenstown
럼스덴 Lumsden
더니든 Dunedin

www.magicbus.co.nz

뉴질랜드로 떠나자!
뉴질랜드 버스 여행

키위 익스피리언스 Kiwi Experience

🏠195 Parnell Rd., Parnell, Auckland
☎(09)366-9830
📠(09)366-1374
@enquiries@kiwiex.co.nz
🌐www.kiwiexperience.com
❗키위 익스피리언스는 21개의 코스가 있다. 북섬과 남섬을 모두 돌아보는 7가지의 코스가 있고, 비행기와 버스를 포함하는 코스도 있다. 북섬, 남섬의 The Whole Kit & Caboodle, 북섬 동쪽 해안의 Slim's East Cape Escape의 28일 코스(여름), 32일 코스(겨울)를 추천하며 원한다면 며칠간 더 머무를 수 있다.

유스호스텔증(YHA), 국제학생증(ISIC)과 VIP 등의 증명 서류를 가져오면 할인 혜택이 있다. 비용은 베이 오브 아일랜드 1일 NZ$79, 북섬, 남섬의 The Whole Kit & Caboodle NZ$1,167 등으로, 모든 육상 교통 비용을 포함하고 있다. 뉴질랜드는 팁을 주는 관습이 없기 때문에 운전기사에게 팁을 줄 필요가 없으며 기타 식사, 활동, 숙박 등은 스스로 부담해야 한다. 인터넷, 전화, 팩스로 예약 가능하다.

키위 익스피리언스의 버스는 초록색의 차체에 커다란 글씨가 쓰여 있다. 이 글씨는 초등학생의 낙서를 방불케 하는데 이 차에 탑승한 여행객들의 마음이 더욱 젊어지고 모험을 두려워하지 않기를 바라는 운영자의 마음이 담겨 있다. 한편 명심해야 할 점은 운행 내내 차내를 울리는 열광적인 록 음악을 견뎌내야 한다는 것이다.

키위 익스피리언스는 세 명의 뉴질랜드인이 1988년 12월에 착안해 낸 것이다. 이들은 배낭 여행객들이 편리한 교통수단을 이용해 대도시와 작은 마을뿐만 아니라 산림의 아름다운 풍경, 재미있는 활동을 찾아 경험하기를 바라는 마음에서 이 사업을 시작했다고 한다. 키위 익스피리언스의 녹색 버스는 현재 뉴질랜드 각 주요 명소를 모두 운행하며 여름에는 매일 1회 운행, 겨울에는 1주일에 5회를 운행한다.

키위에서 제공하는 코스 중 남섬을 돌아보는 코스는 북섬의 베이 오브 아일랜드와 레인가 곶의 1~3

일 코스, 기스본 등 동쪽 해안의 4일 코스, 남섬 밀포드 해협의 1일 코스와 남섬 경관 국도의 4일 코스를 포함한다.

웰링턴과 타우포 사이의 골짜기에 위치한 리버 밸리(River Vally)는 최고의 래프팅 장소이다. 이곳의 승마 체험은 다른 곳에 비해 훨씬 재미있다. 또 무도회 날에는 운전기사가 직접 요리를 해서 승객들에게 저녁 식사 대접을 한다.

키위는 특약 기업의 전용 예약좌

석과 할인 혜택이 있어서 버스를 통해 예약을 하면 번지점프, 스카이다이빙, 고래 구경 등의 체험을 할 수 있다. 또 몇몇 PC방이나 옷 가게에서는 티켓을 제시하면 특별 할인을 받을 수 있다.

활동파들에게 적합한 버스여행이라고 할 수 있다.

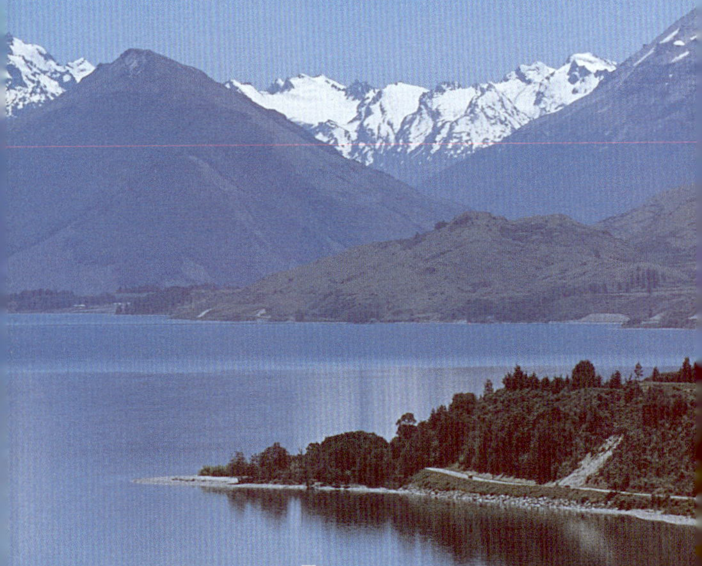

북섬

북섬 약도
베이 오브 아일랜드
Bay of Islands
오클랜드
Auckland
와이토모
Waitomo
로터루아
Rotorua
타우포
통가리로 국립공원
Tongariro
National Park
호크스
웰링턴
Wellington

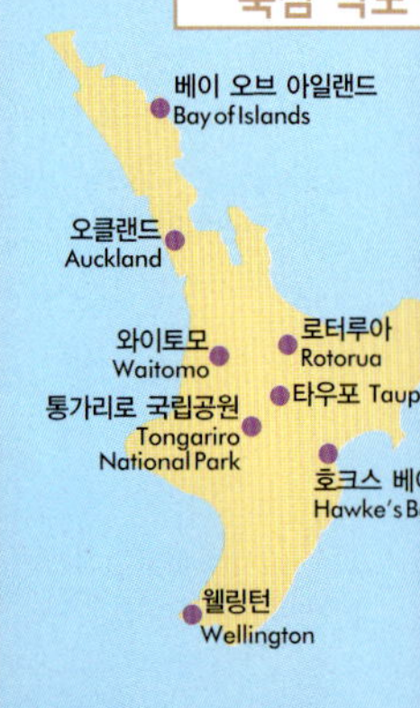

오클랜드

Auckland

오클랜드는 뉴질랜드에서 가장 분주한 도시로 도심엔 고층빌딩 숲과 쇼핑센터들이 자리하고 있다. 1840년 이전까지 오클랜드는 뉴질랜드의 수도였다. 그러나 수도는 북섬과 남섬을 연결할 수 있는 입지적인 조건을 갖추어야 한다고 여겨 북섬의 남단에 위치한 현재의 웰링턴으로 수도를 옮겼다. 비록 수도로서의 역할은 없어졌지만 오클랜드의 경제적인 지위는 낮아지지 않았다. 오클랜드 국제공항은 매 시간마다 1회 항공편이 운행되며, 매년 130만 명이 넘는 외국인 관광객들이 이곳을 찾아오고 있다.

오클랜드는 '범선의 도시'라고 불린다. 출항은 현지인들의 생활의 일부분이며 이것이 바로 뉴질랜드가 수많은 구미 대표 팀을 누르고 1995년과 2000년 2회 연속으로 아메리카 컵 범선대회 1위를 차지한 원동력이 되었다. 항구의 빼곡한 돛대와 멀리 보이는 스카이 타워(Sky Tower)는 오클랜드의 장관 중 하나이다.

교통정보

시내 행

◎항공편

오클랜드 공항은 뉴질랜드의 가장 중요한 관문이다. 뉴질랜드 국내선뿐만 아니라 유럽, 아시아의 각 주요 도시로부터도 정기 국제선 항공이 들어온다. 오클랜드 공항에서 공항 리무진버스가 시내까지 6:00~22:00 사이에 약 20분의 배차 간격으로 운행되며 주행 시간은 약 50분이다. ☎(09)375-4702

◎기차

웰링턴의 기차가 오클랜드까지 이어져 있으며 기차역은 시내에 있다.

◎버스

웰링턴, 로터루아 등 각 주요도시, 관광지점들의 직행 버스들이 오클랜드까지 이어져 있으며 오클랜드 직행 버스 터미널은 도심의 스카이 타워 옆에 위치해 있다.

시내교통

◎시내버스

Stagecoach의 터미널은 커머스 스트리트(Commerce Street)에 키 스트리트(Quay Street)와 커스텀스 스트리트 이스트(Customs Street East) 사이에 위치해 있고 대부분의 버스는 여기에서 출발한다. 버스의 노선과 시간표도 이곳에서 얻을 수 있고 인터넷에서 조회가 가능하다.

◎링크버스

시내에서 당일 여행을 하는 여행객에게 Link Bus는 매우 편리한 선택이다. 시내의 퀸 스트리트(Queen Street)에서 승차하여 기차역에서부터 파넬(Parnell), 뉴마켓(New Market), 오클랜드 박물관, 힐튼 호텔, 오클랜드 대학, 폰손비(Ponsonby), 스카이 타워(Sky

Tower) 등의 정류장을 순환한다.

편도요금-NZ$1.5, 평일-6:00~23:30, 주말 및 휴일-7:00·-20:30(배차간격 10분)

◎시내순환버스

빨간색의 City Circuit는 도심을 순환하며 무료로 이용할 수 있다. 8:00~18:00(배차간격 10분)

www.stagecoach.co.nz

◎통행권

1일 동안 많은 곳을 다닐 생각이라면 Stagecoach를 이용하는 것이 좋다. 운전기사에게 1일 통행권(Auckland Pass)을 구입하면 횟수에 제한 없이 Stagecoach Auckland, Link Bus와 북해안과 도심 간의 페리 등을 이용할 수 있다.

스카이 타워(Sky Tower)와 비아덕트 항(Viaduct Harbour) 앞에
있다. 이곳에서는 여행 정보, 호텔과 코스 예약 등의 서비스를 제공
한다. www.aucklandnz.com

비아덕트 항 i-SITE 서비스 센터

137 Quay Street, Prince Wharf
10월~3월 평일-8:30~18:00, 주말-9:00~17:00
4월~9월 9:00~17:00

☎ (09)307-0612
📠 (09)307-2614

스카이 타워 i-SITE 서비스 센터
☎ Corner Victoria and Federal Streets
🕗 8:00~20:00
☎ (09)363-7182
📠 (09)363-7181

명소

스카이 시티
Sky City

- P33A2
- QUEEN ELIZABETH SQUARE에서 도보10분
- Corner of Federal and Victoria Streets
- 스카이 타워 NZ$20, 스카이 점프 NZ$195, 타워 오르기 NZ$145
- 일~목 8:30~23:00 금, 토 8:30~24:00 타워 오르기 9:00~19:00
- (09)363-6000
- (09)363-6378
- www.skycity.co.nz

스카이 시티는 종합 유원지이다. 328m 높이의 스카이 타워는 오클랜드 지역에서 가장 눈에 띄는 명소로 도박장, 레스토랑, 호텔과 영화관 등을 포함하고 있다.

이곳은 남반구에서 가장 높은 건축물로서 프랑스의 에펠탑보다 높다. 186m 높이의 주 전망대는 투명한 바닥으로 되어 있어 지상으로부터 얼마나 높은 곳에 있는지 실감할 수 있다. 또 다른 스릴을 느껴보고 싶다면 번지 점프를 해보거나 타워 꼭대기의 전파 발사 지점까지 올라가 보는 것도 좋다.

스카이 점프(Sky Jump)는 세계 최고 높이의 스카이 점핑으로 192m 높이에서 직하강하는 느낌이 스카이 다이빙과 흡사하다고 한다. 전용 복장을 착용하고 컨트롤 케이블로 몸을 묶은 뒤, 점프하면 시속 60km의 속도로 20초 만에 지상에 도달한다. 점프하기 위하여 발을 떼어내기 직전, 그 순간의 공포를 극복하면 최고의 스릴과 재미를 만끽할 수 있다.

벌티고 타워(Vertigo Tower) 오르기는 전파발사대 안에 있는 44m의 철골 계단을 통하여 남반구 최고 높이 약 해발 300m의 옥외 전망대까지 올라가는 것이다. 바람이 거세기 때문에 먼저 쇠갈고리로 철제 난간에 몸을 묶고 나서야 정상으로 출발할 수 있다. 스릴 있는 모험을 원한다면 스카이 타워를 추천한다.

오클랜드 브리지
Auckland Bridge

- P34A1
- QUEEN ELIZABETH SQUARE에서 케이블카로 7분
- Westhaven Reserve, Curran St., Herne Bay, Auckland
- 다리 등반 NZ$65, 번지 점프 NZ$85
- 월~목 9:00~15:00 금~일 9:00~18:00, 야간 다리 등반 토 19:40
- (09)361-2000
- (09)361-6186
- www.aucklandbridge-

climb.co.nz

오클랜드 브리지는 가로로 와이테마타 항(Waitemata Harbour)을 가로질러 오클랜드 시내와 북쪽 해안 사이의 육상 교통을 연결하는 랜드 마크 교량이다. 1959년에 착공하여 4년 만에 완공했으며, 길이 1,020m에 무게는 6,000톤이다.

이 다리는 주요 교통 시설이지만 익스트림 스포츠의 명소이기도 하다. 2001년 12월, 700만 뉴질랜드 달러를 투자해 오클랜드 브리지 내부에 안전 난간을 설치하여 인도와 계단을 통해 등반할 수 있게 한 것이다.

왕래하는 차들이 많아서 소음이 크기 때문에 이곳의 코치들은 리시버를 통해서 다리 건설의 역사를 설명한다. 다리 밑을 돌아서 차들이 지나다니는 다리 위를 거쳐 마지막 해발 65m의 꼭대기에 도착하게 되면 손을 들어 지나가는 차들에게 큰 소리로 인사를 건네 보자. 친절한 오클랜드 사람들이 경적을 크게 울려 화답할 것이다.

다리 등반 외에 번지 점프도 할 수 있다. 다리에 올라가서 다리에 걸쳐져 있는 점프대까지 걸어간 뒤에 와이테마타 항을 향해 뛰어내리면 평생 잊지 못할 스릴을 맛보게 될 것이다.

프라이드 오브 오클랜드
The Pride of Auckland

 P33A1

 QUEEN ELIZABETH SQUARE에서 도보8분

 Cnr. Quay and Hobson Streets

 성인 NZ$45, 4~15세의 어린이는 NZ$25, 뉴질랜드 국립 해사 박물관 견학 포함

 (09)373-4557

 (09)377-0459

 www.prideofauckland.com

프라이드 오브 오클랜드는 길이 4척 15m, 높이 21m의 범선이다. 2명의 선원만으로도 조종이 가능하며, 선체가 2m 정도 물에 잠겨 있어 바람이 강하고 파도가 거센 기후에도 안정된 항해를 할 수 있다. 승객들은 선실에 머무르거나 갑판을 걸어 다니며 범선이 출항하는 순간의 설레는 기분을 즐길 수 있고, 항해 조종을 체험할 수도 있다. 저녁 식사를 즐기기에 좋은 이 배는 정원이 약 19명이다.

경주 범선
NZL40

 P33A1

 Viking Cruises Limited

 (체험)성인-NZ$125, 10~14세-NZ$110 (경주)성인-NZ$195, 10~14세-NZ$175

 (0800)724-569, (09)359-5987

 (09)358-3137

www.sailnewzealand.co.nz

NZL40을 타고 바다에 나가면 범선의 매력을 알 수 있다. 특히 날씨가 안 좋을 때, 파도와의 싸움이 매우 스릴 있다. 단체의 노력과 팀워크가 필요한 스포츠로, 한 번 경험해 본 사람들은 그 매력에서 빠져나오기 힘들 것이다.

미국배의 규격에 완벽하게 의거하여 건조하기 시작한 NZL40은 1995년, 샌디에이고의 경주에 참

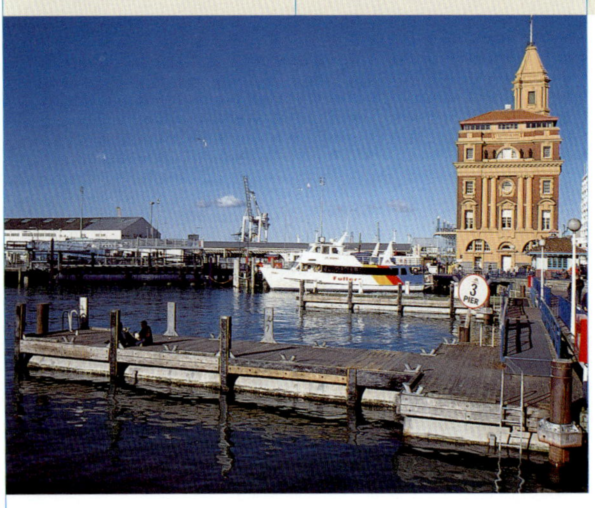

켈리 탈톤 수족관 &
남극체험관

**Kelly Tarlton's Antarctic Encounter
& Underwater World**

- P35D2
- QUEEN ELIZABETH SQUARE에서 도보15분
- 23 Tamaki Drive
- NZ$26
- 9:00~18:00
- (09)528-0603
- (09)528-5175
- www.kellytarltons.co.nz

이곳은 오클랜드에서 유일하게 남극의 정취를 느낄 수 있는 곳이다. 관내는 남극과 해저세계 두 구역으로 나뉜다. 남극 파트에서는 특수 체험 열차를 타고 눈과 얼음의 세계에서 펭귄의 모습을 볼 수 있고, 해저세계에서는 관광객들에게 매우 인기 있는 프로그램인 먹이주기 쇼가 매 시간 펼쳐진다.

가하기 위해 약 350만 달러를 들였지만 선체가 제 시간에 완성되지 못하여 정식 대회를 놓치게 되었다. 1998년 완공 이후, 뉴질랜드에 실습용 선박으로 구매되어, 세계 최초로 여행객들이 체험할 수 있는 경주용 선박이 되었다. 승객들은 승선만으로는 느낄 수 없는 출항의 묘미를 직접 배를 조종하며 체험하게 된다.

비아덕트 항
Viaduct Harbour

- P34B2
- QUEEN ELIZABETH SQUARE에서 도보8분
- Cnr. Quay & Hobson Streets

뉴질랜드는 1999년에서 2000년, 2002년에서 2003년 연속으로 범선 대회를 유치했다. 범선 선수들이 장기적으로 오클랜드에서 훈련을 했기 때문에 시합 장소인 이곳이 유명해지게 되었다. 비아덕트 항 옆의 비아덕트 구(Viaduct Basin)는 원래 공업 지역이었지만 지금은 먹자골목으로 변신해 술집과 레스토랑이 밀집한 곳이 되었다. 비아덕트 항에선 여행객들에게 범선을 제공해 직접 배를 조종해 볼 수 있게 한다.

비아덕트 항 입구의 뉴질랜드 국립 해시 박물관은 뉴질랜드의 항해 역사를 이해할 수 있는 가장 좋은 곳이다. 고대 기술로 만든 카누, 유럽 이민 시 사용되었던 탐험선, 요트 등 각 선박의 모형이 전시되어 있어 당시의 항해 생활을 엿볼 수 있다.

원 트리 힐
One Tree Hill

 P34B4

 QUEEN ELIZABETH SQUARE에서 차로 15분

 Manukau Rd.

 높이 183m의 산 정상에 단 한 그루의 나무가 홀로 서있다. 과거 이 풍경은 오클랜드의 유명한 랜드 마크였다. 원 트리 힐은 원래 마오리 족의 촌락이 있었던 곳이다. 1876년 전에는 산 정상에 한 그루의 뉴질랜드산 나무(Totara)뿐이었지만, 후에 캐나다산 몬트리올 소나무가 심겨지게 되었다.

 마오리 족은 이러한 행위를 그 땅의 신성함을 더럽히는 것이라고 여겼다. 이러한 사실을 안 시 정부에선 소나무에 수십 개의 철조망을 둘러 이 나무를 보호했다. 2000년, 안전상의 이유로 시의회에서 논란이 된 나무들을 베어냈다. 현재는 어떤 나무도 심어져 있지 않고, 기념비만이 세워져 있다. 원 트리 힐(One Tree Hill)이 노 트리 힐(No Tree Hill)이 되어버린 것이다.

에덴 마운틴
Mt. Eden

 P34B4

 QUEEN ELIZABETH SQUARE에서 차로 15분

 Normanby Rd., Edwin St., Clive Rd.의 교차점

 오클랜드에는 48개의 화산이 있다. 에덴 마운틴은 196m로 그중 가장 높아 산 정상에서 오클랜드 시내와 항만의 풍경 전체를 내려다볼 수 있다. 또 정상에는 50m 깊이의 분화구가 있어 이곳이 예전에는 화산이었다는 것을 증명하고 있다. 분화구 밑까지 내려가 그 중앙에 서면 색다른 체험을 하게 될 것이다.

 분화구 앞에는 기념비와 원형 알림판이 있는데 전망이 가능한 명소를 표시해 놓았다. 중심원은 8km 직경 이내를, 두 번째 원은 날씨가 좋을 때의 경치, 세 번째 원은 뉴질랜드 전체 명소의 방향을 표시해 놓았고, 가장 바깥쪽 원에는 외국의 수도나 명소의 거리를 참고할 수 있도록 표시해 놓았다.

쇼핑

파넬
Parnell

 P35C2
 QUEEN ELIZABETH SQUARE에서 차로 8분
 대다수의 상점 9:00~17:30
 www.parnellonline.co.nz

이곳은 디자이너의 명품관, 구제 옷집, 갤러리와 테마 커피숍이 즐비해 있는 거리로, 대부분 뉴질랜드 현지의 예술작품이나 수공예품을 판매하고 있다. 길 양쪽에 있는 2, 3층짜리 건축물은 대부분 영국 식민지 시대의 건축 양식을 바탕으로 지어져 간결하면서도 중후한 분위기를 풍긴다.

285호의 호글란드 아트 글래스 (Höglund Art Glass)는 각종 수공 글라스를 판매하는 수공예품점이다. 323호의 초콜릿 부티크 카페(Chocolate Boutique Cafe)에서는 각양각색의 브랜드 초콜릿과 수공예품을 판매하고 있다. 이곳에서 잠시 핫 초코 한 잔을 마시고 가는 것도 좋을 것이다.

이 거리에는 10월에서 4월 사이 5,000송이의 장미가 만개하는 장미화원(Dove-Myer Robinson Park)과 오클랜드 최초의 교회인 세인트 스티븐 예배당, 스테인드 글라스가 아름다운 트리니티 교회가 있다. 트리니티 교회의 스테인드 글라스에는 예수님이 폴리네시아인으로 그려져 있으며 토템 문양이 더해져 있어 상당히 독특하다.

갈톤스 오브 파넬
Galtons of Parnell

 P35C2
 QUEEN ELIZABETH SQUARE에서 차로 8분
 287 Parnell Road
 월~금요일 9:30~17:30
 (09)377-2371

이곳은 독일, 덴마크 등 유럽 브랜드의 식기와 생활 용품들을 판매하는 곳이다. 질감이 좋고 디자인이 독특해서 많은 사람들의 눈길을 사로잡고 있다. 이곳의 또 다른 특징은 게오르그 옌센(Georg Jensen)의 최신 상품을 만나볼 수 있다는 것이다.

잠베시
Zambesi

P33B2
Corner Vulcan Lane and O'Connell Street
월~목 9:30~18:00
금 9:30~20:00
(09)303-1701

뉴질랜드 현지 브랜드이다. 간결한 스트라이프 문양에 눈에 확 띄는 포인트를 주는 등 독특한 디자인으로 인기를 끌고 있다.

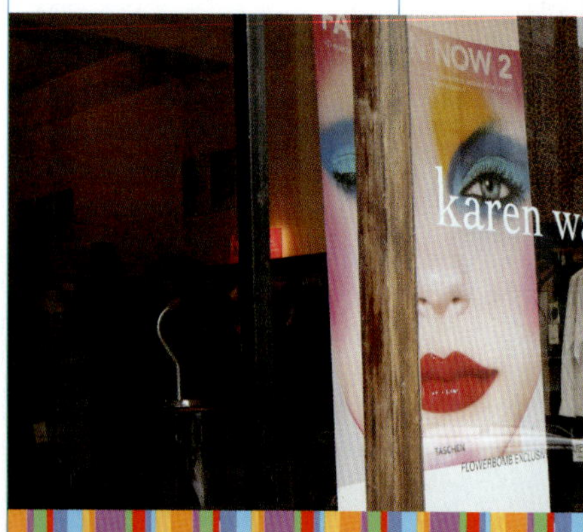

카렌 워커
Karen Walker

P33B2
05 O'Corner Street
월~목 9:30~18:00,
금9:30~20:00
(09)309-6229

간결한 모던 디자인을 강조한 뉴질랜드 현지 브랜드이다. 수차례 국제무대에 올라 세계적으로 인지도가 높으며, 7개 국가에 전문 매장이 있다.

더 볼트 디자인 스토어
The Vault Design Store

P33B2
Corner High Street and Vulcan Lane
월~목 9:30~18:00
금 9:30~20:00
토 10:00~16:00
(09)377-7665
www.vault-designstore.co.nz

이곳은 지하에 숨겨진 조그만 상점으로 주의 깊게 살피지 않으면 그냥 지나치기 쉽다. 각종 디자인 생활 용품과 액세서리 등을 판매하는데 제품의 느낌이 매우 강렬하다. 뉴질랜드 현지의 느낌이나 색채가 융합된 물건들이 많아 선물하기에 적합하다.

호글란드 아트 글래스
Höglund Art Glass

 P35C2

 QUEEN ELIZABETH
 SQUARE에서 차로 8분

 285 Parnell Road

 월~금 9:30~17:30

 (09)300-6238

호글란드 아트 글래스는 뉴질랜드에서 가장 유명한 크리스털 제품 브랜드이다. 강렬한 색채와 디자인, 그리고 완전 수공 제작으로 단 하나뿐인 정결한 예술품을 만들어 낸다.

파팅톤스 레스토랑, 랭햄 호텔
Partingtons Restaurant, Langham Hotel

 P34B3

 83 Syminds Street

 화~토 18:00~23:00

 (09)379-5132

 (09)377-9367

 auckland.langhamhotels.
 com

 저녁식사 예약필수

 이 호텔은 오클랜드 최고급 호텔 중 하나이며, 호텔 내 유럽풍의 파팅톤스 레스토랑 역시 최고급이다.

 최고 레스토랑의 영예를 안은 파팅톤스는 유럽요리의 엄격함과 정결함, 그리고 전통을 계승함과 동시에 끊임없는 연구를 통해 새로운 메뉴를 개발했다. 이러한 풍부한 맛의 변화는 프랑스 요리의 극치를 보여준다. 뉴질랜드 현지의 신선한 해산물, 축산물, 농산물을 이용하여 만든 '신 뉴질랜드'는 파팅톤스가 자랑하는 요리로, 여러 차례 저명한 대회의 수상경력이 있는 메인 요리사가 만든다.

화이트, 힐튼 호텔
White, Hilton Hotel

 P33B1

 Princes Wharf, 147 Quay Street

 아침 6:30~10:30
 점심 12:00~15:00
 저녁 18:00~23:00

 (09)978-2000

 (09)978-2001

 www.hilton.com

 전문가 평가와 독자 투표에서 뉴질랜드 최고 레스토랑으로 뽑힌 힐튼 호텔의 화이트는 편안하고 쾌적한 곳으로 해양의 정취를 느끼며 식사를 할 수 있다.

 비아덕트 항의 프린세스 부두에 위치한 이곳은 해양 디자인의 개념을 본 따 실내를 옅은 색의 목재와 흰색 대리석으로 구축해 간결함의 미를 강조하였다.

 잔잔한 바닷바람을 맞으며 넓은 바다 풍경과 범선들을 감상하면서 저녁식사를 하며 해양 도시의 분위기를 마음껏 만끽할 수 있을 것이다.

H 숙박

Auckland International YHA

P34B3
1-35 Turner St.
(09)302-8200
NZ$25~NZ$88
www.stayyha.com

Auckland Central Backpackers

P33A2
Cnr. Queen & Darby Sts.
(09)358-4877
NZ$24~NZ$88
www.acb.co.nz

Auckland YMCA Hostel

P34B2
Cnr. Pitt St. & Greys Ave.
(09)303-2068
NZ$45~NZ$70
www.nzymca.com

Albert Park Backpackers

P33B3
27-31 Victoria St. East
(09)309-0336
NZ$23~NZ$60
www.albertpark.co.nz

Surf 'N' Snow Backpackers

P33A2
1F , 102 Albert St.
(09)363-8889
NZ$23~NZ$90
www.surfandsnow.co.nz

Queen Street Backpackers

P33B2
4 Fort St.
(09)373-3471
NZ$23~NZ$65
www.qsb.co.nz

Freeman's Bed & Breakfast Hotel

P34A2
65 Wellington St.
(09)376-5046
NZ$65~NZ$85
www.freemansbandb.co.nz

Aspen House

P33B2
62 Emily Place
(09)379-6633
NZ$55~NZ$119
www.aspenhouse.co.nz

Kiwi International Hotel

P34B3
411 Queen St.
(09)379-6487
NZ$20~NZ$99
www.kiwihotel.co.nz

City Central Hotel

P33A3
Cnr. Wellesley & Albert Sts.
(09)307-3388
NZ$95~NZ$115
www.citycentralhotel.co.nz

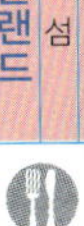

오클랜드 북섬

식당

H
숙박

도심을 벗어나 대자연을 감상하고 싶다면 오클랜드 인근으로 나가보자. 해안에 부딪치는 급류, 넓은 포도밭, 하늘을 찌를 듯이 높은 고목들을 감상하며 신선한 와인을 한 모금 마시면 누구든 지중해에 와 있는 것 같은 따스함에 빠져들게 될 것이다.

오클랜드의 북부 지역은 뉴질랜드 사람들이 말하는 '나라의 발생지'로, 이 곳의 베이 오브 아일랜드(Bay of Islands)는 마오리 문화와 역사에서 모두 중요한 역할을 하고 있다. 오클랜드 동쪽의 코로만델 반도(Coromandel Peninsula)는 물놀이를 할 수 있는 곳으로 유명하다. 북쪽 레인가 곶(Cape Reinga)에서는 모래 서핑을 하며 쾌감을 만끽할 수 있고, 우드힐 삼림(Woodhill Forest)에서 사륜 오토바이(ATV)를 타고 숲 사이와 모래사장을 누비며 쌓였던 스트레스를 풀 수 있을 것이다.

교통정보

가는 방법

◎와이헤케 Waiheke

Fuller와 Sea Link 두 회사의 배편이 35분 간격으로 오클랜드와 와이헤케를 운항한다.
www.fullers.co.nz   www.sealink.co.nz

◎코로만델 반도 Coromandel Peninsula

오클랜드 시내와 코로만델 반도 간의 교통은 Go Kiwi를 이용하면 된다. www.go-kiwi.co.nz

◎베이 오브 아일랜드 Bay of Islands

Inter City와 North liner에 오클랜드와 베이 오브 아일랜드 간의 차편이 있다.
www.intercity.co.nz   www.northliner.co.nz

여행자 서비스 센터

◎와이헤케 i-SITE 여행자 서비스 센터

2 Koroa Rd., Oneroa, Waiheke Island
(09)372-1234   (09)372-9919
www.waiheke.co.nz

◎코로만델 i-SITE 여행사 서비스 센터

355 Kapanga Road (07)866-8598
(07)866-8527   www.thecoromandel.com

◎베이 오브 아일랜드 i-SITE 여행자 서비스 센터

The Wharf, Marsden Road Paihia
(09)402-7345   (09)402-7314
bayofislands@i-SITE.org   www.bayofislands.co.nz

와이헤케 섬
Waiheke Island

 P46B2

 오클랜드에서 배로 가며,
성인 편도 NZ$15.6,
왕복 NZ$28.5,
어린이 편도 NZ$8.2,
왕복 NZ$14.3

 페리 5:30~23:30,
약 1시간에 한 편

 www.waiheke.co.nz

걸프 아일랜드(Gulf Island)에 속하는 와이헤케 섬은 도심과 떨어져 있는 작은 섬으로 면적은 홍콩보다 조금 크다. 지중해 기후에 가까우며 오염되지 않은 환경으로 인해 예술가의 은신처나 특별한 라이프스타일을 꿈꾸는 사람들의 휴양지가 되었다. 포도원과 올리브 농장의 증가와 더불어 특유의 한적한 분위기가 와이헤케 섬을 혼합 레저 공간으로 만들었다. 또 따뜻하고 강수량이 풍부한 해양성 기후와 배수가 잘 되는 화산 토양이 스토니릿지의 라로즈를 세계 20위 안에 드는 카버넷(Carbernet) 와인의 하나

로 만들었다.

와이헤케 섬 안에서는 다른 곳으로 이동하기 위해 교통수단이 필요하기 때문에 편리한 코스 여행을 추천한다. 먼저 소형 버스로 섬을 한 바퀴 유람한 뒤, 42km에 달하는 모래사장에서 한가로이 거닌다. 다시 몇몇 펜션과 산

전체가 포도나무로 뒤 덮인 포도원 및 예술가의 작업실을 방문해 예술가를 만나기도 한다. 또 와이너리에 가서 와인을 마시며 식사를 할 수 있고, 신선한 올리브유도 맛볼 수 있다. 이곳의 아름다운 풍경은 사람들을 자유롭고 느긋하게 만든다.

코로만델 반도
Coromandel

P46B2

www.thecoromandel.com

코로만델 반도 동쪽 해안의 휘티앙아(Whitianga)와 머큐리 베이(Mercury Bay)는 뉴질랜드에서 가장 유명한 물놀이 장소이다. 때문에 겨울에는 3천명에 불과한 휘티앙가 하헤이 해변(Hahei Beach)의 인구가 여름에는 5만명으로 증가한다.

쿡 선장(Captain James Cook)이 이곳을 지날 때 마침 수성이 달을 지나고 있어서 머큐리라고 이름을 지었다. 그리고 그 시간을 기록했다가 영국에 도착한 두 나라의 시차를 계산할 때 사용했다고 한다.

1993년에 지정된 하헤이 해양 보호 구역은 하에이 해변 최북단에서 쿡 절벽까지로, 약 9평방미터 정도이다. 대성당 해변(Cathedral Cove)에는 두 개의 지반이 서로 밀고 눌러서, 땅속의 돌들이 바다로 밀려나와 비로 침식된 석회암과 함께 붕괴되어 이루어진 동굴이 있다.

우드힐 삼림
Woodhill Forest

P46A2

Restall Road, Woodhill

NZ$135~235, 오클랜드 시내로 픽업 요청 시 NZ&40 추가 지불

1시간 여정 15:30,
2시간 여정 13:00,
3시간 여정 8:30과 13:30

(0800)487-225,
(09)420-8104

(09)420-8077

www.4trackadventures.co.nz

오클랜드 서북쪽에 위치한 우드힐 삼림은 영화 『나니아 연대기』의 촬영장소이다. 빽빽한 소나무 숲이 영화 속 하얀 마녀 진영의 기이한 분위기를 연출해낸다. 이

부시 앤 비치
Bush & Beach

P46B2

Henderson,Auckland

NZ$110

12:30~17:30,
12/25

(0800)423-224
(09)837-4130

(09)837-4193

www.bushandbeach.co.nz

2천만 년 전 화산 폭발로 카레카레(Karekare) 해변에 기이한 형태의 절벽이 남게 되었다. 모래사장과 모래언덕은 5천년에 걸쳐 형성된 것으로 금속 산화와 백사가 혼합되어 검은 모래와 자갈이 만들어졌다. 유럽의 여성 영화감독 제인 캠피언(Jane Campion)은 영화 『피아노(The Piano)』에서 이 해변의 고독한 정경을 잘 살려내었다.

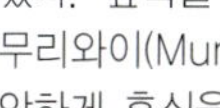

곳에선 매우 스릴 있는 체험을 할 수 있는데 바로 사륜 오토바이(ATV)이다.

우선 연습장에서 360cc의 오토바이로 연습을 하고 교관의 통솔하에 숲속을 질주한다. 특히 흙언덕을 내려갈 때가 매우 스릴 있다. 숲속을 달린 뒤 회갈색의 무리와이(Muriwai) 해변에서 편안하게 휴식을 취한다. 다시 속력을 내서 숲속의 언덕을 올라 종점으로 돌아온다.

레인가 곳
Cape Reinga

P46A1

Awesome Adventure
www.awesomenz.com

일반적으로 사람들은 레인가 곳이 뉴질랜드의 최북단이라고 생각하지만, 사실 최북단은 레인가 곳의 등대이다. 마오리 족의 전설에 의하면 망령이 이곳 레인가 곳에서 출발하여 고향인 하와이 반도로 돌아가기 때문에 생명의 마감과 신생의 의미가 존재한다고 한다.

레인가 곳의 맞은편인 콜롬비아 해안(Columbia Bank)은 태평양과 태즈먼 해(Tasman Sea)가 합류하는 곳인데 수위가 10m 정도 차이가 나기 때문에 파도가 심하다. 등대 앞에는 사진 촬영의 중요 포인트인 지표가 있다. 그 옆에는 우체통이 하나 있는데, 엽서에 편지를 써서 이 우체통에 넣어보는 것도 기념이 될 것이다.

베이 오브 아일랜드
Bay Of Islands

P46A1

www.bayofislands.co.nz

베이 오브 아일랜드는 북섬에 위치하고 있으며 뉴질랜드 사람들은 '나라의 발생지'라고 부른다. 최초의 마오리 군함과 유럽 고래잡이 선박이 모두 이곳에서 뉴질랜드로 상륙했으며, 뉴질랜드 건국의 기초를 다진 와이탕기 조약(Treaty of Waitangi) 역시 1840년 이곳에서 체결된 것이다.

해상 유람선을 타면 베이 오브 아일랜드의 멋진 경치를 감상할 수 있기 때문에 매우 인기 있다. 전 세계 오직 두 곳에만 있다는 검은 바위(Black Rocks)는 북섬 특유의 화산이 생성해낸 것들이다. 또 유명한 것으로 바위 사이의 동굴이 있는데 거대 암석이 파도에 침식되어 배가 지나다닐 수 있을 정도의 커다란 동굴을 형성한 홀 인 더 락(Hole in the Rock)도 유명하다.

로터루아

Rotorua

시내 방면

◎항공편

　로터루아 공항은 도심에서 차로 약 15분 거리에 위치한다. 오클랜드, 웰링턴과 크라이스트처치에서 항공편이 오가며, Super Shuttle이 공항에서 시내까지 운행한다.

🚌www.supershuttle.co.nz

◎버스

　Inter City, New mans의 차가 로터루아에서 오클랜드, 해밀턴, 타우포, 웰링턴, 네이피어 등을 오가며, 버스는 도심 부근의 i-SITE에서 정차한다.

🚌www.intercitycoach.co.nz

🚌www.newmanscoach.co.nz

로터루아 i-Site 서비스 센터

🏠 1167 Fenton Streets

🕐 8:00~17:30, 12/25 휴일

☎ (07)348-5179

📠 (07)348-6044

@ info@rotoruanz.com

🌐 www.rotoruaNZ.com

마오리어로 로터(Roto)는 호수이고, 루아(Rua)는 두 개라는 뜻이다. 곧 로터루아란 두 개의 호수를 의미하며 뉴질랜드 최대의 마오리 부락이 이곳에 있다. 마오리족이 어떻게 생활해 왔는지 직접 느껴보고 싶다면 뉴질랜드에서 유일한 마오리 문화 체험 코스를 추천한다.

로터루아는 뉴질랜드에서 유명한 지열지대가 있는 곳이다. 어떤 이는 로터루아와 쿡 열도를 합쳐 태평양의 화산 삼각지대라고 부른다. 마오리 사람들은 이곳을 'Evil smell place', 곧 '지옥의 냄새가 피어오르는 곳'이라고 한다. 화산활동 지대 위에 위치하고 있어 곳곳에 온천이 샘솟고 유황냄새가 마을 전체에 진동한다. 로터루아에는 지표에서 솟아오르는 간헐천, 끓어오르는 진흙탕, 거대한 화산 등 많은 온천명소가 있다. 이런 풍부한 자원을 활용해 온천욕, 머드 배스(mud bath: 진흙 목욕) 등 여행객들의 심신을 편안하게 할 수 있는 시설을 갖추어 놓았다.

스카이라인 스카이라이즈
Sky lines Sky rides

- P53A1
- 서비스 센터에서 도보7분
- Fairy Springs Road,Rotorua
- 케이블카 NZ$20, 썰매 NZ$7.5
- 9:00~저녁
- (07)347-0027
- www.skylineskyrides.co.nz

레인보우 스프링에 인접한 스카이 라인 스카이 라이즈는 승객을 탑재하고 몇 분 내에 178.5m를 올라, 해발 487m의 농고타하 마운틴(Mount Ngongotaha)에 올라선다. 이곳에선 로터루아의 전경이 한눈에 들어오며, 산 정상에는 레스토랑이 있어 경치를 감상하면서 식사를 할 수 있다.

산 정상에 가서 썰매(Luge)를 타보는 것도 좋은데, 삼륜 썰매에

레인보우 스프링 & 키위 인카운터
Rainbow Springs & Kiwi Encounter

- P53A1
- Fairy Springs Road, Rotorua
- 레인보우 스프링 NZ$23.5, 키위 인카운터 NZ$26.5, 레인보우 스프링 + 키위 인카운터 NZ$40
- 레인보우 스프링 8:00~21:00, 키위 인카운터 10:00~17:00
- (07)350-0440, (0800)724-626
- www.rainbowsprings.co.nz

레인보우 스프링은 자연의 정취가 가득한 곳으로 송어의 제2의 고향이라고 할 수 있다. 매년 5월에서 9월, 로터루아 호수의 야생 송어는 상류로 돌아가 산란을 하

는데 이곳에서 특별히 제작한 여러 곳의 어도는 송어가 가파른 지형을 올라가는 데 도움을 준다.

레인보우 스프링과 이웃한 키위 인카운터는 키위 새를 부활시킨 장소이다. 이곳에는 키위 새의 생태습관을 소개한 전시공간이 있는데 여행객들은 설명을 충분히 들은 후 키위 새를 만날 수 있다. 키위 새는 야행성 동물이기 때문에 이 구역에서는 일부러 조명을 어둡게 하였고, 여행객들도 큰 소리를 내서는 안 된다. 조용히 관찰하고 있으면 키위 새가 자연스레 다가올 것이다.

앉아 손으로 방향을 조절하며 산 비탈의 궤도를 따라 미끄러져 내려오는 것이다. 모두 3종류의 코스가 있는데, 첫 번째 코스는 2km의 길이로 산 쪽을 따라서 뻗어 있어 속도감을 즐기는 동시에 경치를 감상할 수 있다. 두 번째 코스는 약 1km의 길이로 도중에 터널과 나선 궤도가 있어 더 큰 스릴을 맛볼 수 있게 하였다. 그래도 스릴이 부족하다면 급커브와 급강하가 많은 세번째 코스로 가자. 비명이 난무할 것이다.

폴리네시안 온천
Polynesian Spa

- P53D2
- 서비스 센터에서 도보5분
- Hinemoa Street, Rotorua
- NZ$12부터
- 8:00~23:00
- (07)348-1328
- (07)348-9486
- www.polynesianspa. co.nz

온천욕을 좋아한다면 이곳의 33~43℃ 온도의 광천에 몸을 담가보는 것도 좋겠다. 산성과 알칼리성의 두 가지 성질을 지닌 지하 광천수는 통증을 완화하고 근육을 이완시키며, 관절을 유연하게 하는 등의 효과가 있다고 한다. 폴리네시안 온천 구역에는 총 27개소의 온천이 있고, 간헐천, 가족탕, 개인용 탕과 호화 스파로 분류되며, 각 탕마다 온도가 다르다. 그중 산성에 속하는 직접 간헐천은 성인만 입장하도록 제한되어 있고, 인공정화 처리가 되어 있지 않기 때문에 매일 온천의 온도가 다르다.

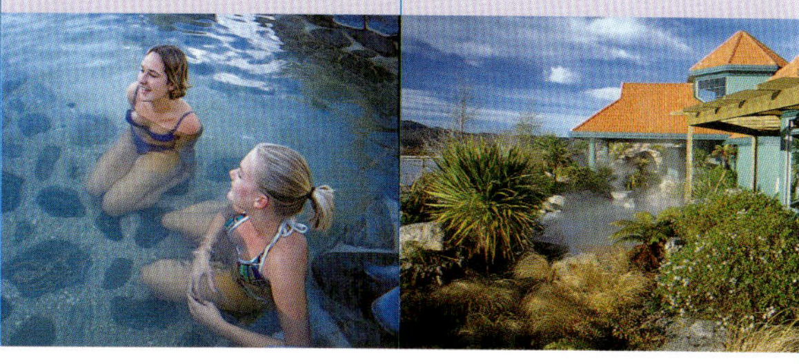

헬스 게이트
Hell's Gate & Wai Ora Spa

- P53B1
- 서비스 센터에서 차로 20분
- State Highway 30,
  Tikitere, Rotorua
- 지열 구역 NZ$25,
  머드 배스 NZ$15,
  지열 구역+머드 배스 NZ$35
- 8:30~20:30
- (07)345-3151
- (07)345-9117
- www.hellsgate.co.nz
- 스파 치료 과정은 필히 예약을 해야 한다.

아일랜드 극작가 버나드 쇼 (George Bernard Shaw)가 이곳을 방문했을 때 이곳의 경관을

와이 오 타푸 지열 온천 지역
Wai-O-Tapu Thermal Wonderland

- P53A2
- 시내에서 차로 20분
- 201 Waiotapu Road
- 성인 NZ$25, 5~15세의 어린이 NZ$8.5
- 8:30~17:00,
  마지막 입장 시간 15:45
- (07)366-6333
- (07)366-6010
- www.geyserland.co.nz

로터루아 남쪽에 위치한 와이 오 타푸는 마오리 어로 성수란 뜻이다. 이곳은 뉴질랜드에서 가장 다채롭고 다양한 지열지역으로 18평방미터에 달하는 구역 내에 진흙 천, 간헐천, 증기호수와 석회암 대지가 분포되어 있다. 가장 유명한 곳은 풀 넓이가 70m에 달하는 샴페인 풀(Champagne Pool)이며, 다른 유명한 곳으로 레이디 녹스 간헐천(Lady Knox Geyser)이 있다. 이곳은 미국 옐로우스톤 공원의 올드 페이스풀(Old Faithful)과 비슷하다. 매일 아침 정확히 10시 15분에 분출하고 최고 20m 높이까지 솟는다.

와카레와레와
Whakarewarewa

- P53A2
- 서비스 센터에서 차로 5분
- Hemo Road
- 성인 NZ$28, 5~15세의 어린이 NZ$14
- 겨울 8:00~17:00
  여름 8:00~18:00
  가이드 여정-매시간 한번
  9:00~16:00
  음악회 12:15~13:00,
  15:15~16:15
- (07)348-9047
- (07)348-9045
- www.nzmaori.co.nz

와카레와레와 민속촌은 마오리 문화 구역, 지열 구역과 작은 키위 새 구역으로 나뉜다. 이곳은 로터루아 최대의 지열 보호 구역이다. 도로 양 옆의 끊임없이 솟아나는 하얀 연기가 지하 화산이 아직까지 활동 중이라는 증명을 해준다. 거품을 내는 진흙천의 온도는 90℃~95℃이고, 이 구역 최대의 간헐천 포후투(Pohutu)는 하루 10번에서 25번, 최고 31m의 높이까지 치솟으며 장관을 연출한다.

열 관광 지역이다. 2.5m 길이의 인도를 따라서 남반구 최대의 온천 폭포와 진흙탕, 간헐천 등 각종 기이한 경관을 감상할 수 있다.

헬스 게이트는 머드 배스, 각종 화산재를 이용한 스파 치료 과정으로 더욱 유명하다. 특히, 진흙탕 속에 몸을 담그면 최고의 미용 효과를 얻을 수 있다.

지옥과 같다고 형용한 적이 있다. 이곳은 현재 뉴질랜드에서 유일하게 마오리 인들이 경영하는 지

타마키 마오리 빌리지
Tamaki Maori Village

- P53D1
- 시내에서 차로 10분
- 1220 Hinemaru St.
- (07)349-2999
- (07)347-2913
- www.maoricul-ture.co.nz

일반 마오리 노래와 춤과 달리 타마키 마오리 빌리지에선 진실과 비

오락성을 강조해, 여행객에게 진정한 마오리 족의 삶을 느끼게 해준다. 마오리 인들의 환영 의식과 상세한 해설이 곁들여진 정식 무용 공연은 마오리 인들의 지나간 역사를 말해준다. 촌락의 길가에는 목조, 문신, 옥 장신구 등의 공예품이 전시되어 있고, 전통 복장을 입은 마오리 인들과 사진 촬영을 할 수 있으며, 마오리 전통 요리인 항이(Hangi)를 맛볼 수 있다.

Ⓗ 숙박

Crash Palace Backpackers
- P53D2
- 1271 Hinemaru St.
- (07)348-8842
- NZ$21~NZ$65
- www.crashpalace.co.nz

Hot Rock Backpackers
- P53C2
- 1286 Arawa St.
- (07)348-8636
- NZ$22~NZ$64
- www.hot-rock.co.nz

Planet Nomad
- P53D2
- 1193 Fenton St.
- (07)346-2831
- NZ$20~NZ$47
- www.planetnomad.co.nz

Backpackers Century 21
- P53C2
- 1339 Amohau St.
- (07)348-3001
- NZ$18~NZ$45
- www.backpackersrotorua.co.nz

Cactus Jacks
- P53C2
- 1210 Haupapa St.
- (07)348-3121
- NZ$19~NZ$50
- www.cactusjackbackpack-ers.co.nz

Tresco Bed & Breakfast
- P53D2
- 3 Toko St.
- (07)348-9611
- NZ$65~NZ$180
- www.trescorotorua.co.nz

로터루아 인근
Around Rotorua

교통정보

가는 방법
◎마타마타(Matamata)
오클랜드와 로터루아를 잇는 Inter City와 New mans의 차가 운행된다. 마타마타에 정차하지만 하루에 왕복 1편밖에 없다. 그 밖에 8:30과 13:30에 로터루아 i-SITE에서 출발하는 호빗 마을 여행 왕복 코스가 있다.

◎와이토모(Waitomo)
로터루아, 오클랜드, 해밀턴 등지에서 와이토모를 오가는 Newmans의 차가 운행된다.

◎타우포(Taupo)
로터루아, 오클랜드, 웰링턴, 네이피어 등지에서 타우포를 오가는 Inter City와 New mans의 차가 운행된다.

로터루아 인근 서쪽에는 와이토모(Waitomo)가 있으며, 남쪽에는 타우포(Taupo)가 있다. 통가리로 국립공원(Tongariro National Park)은 오랫동안 북섬의 주요 관광지이며 로터루아와 연결된 유명한 여행 루트이기도 하다.

로터루아에서 차로 1시간 거리인 타우포는 카누, 제트보트, 번지 점프 등 스릴 있는 모험을 하기 위해 찾아온 젊은 여행객들로 가득하다. 타우포보다 더 남쪽에 있는 통가리로 국립공원은 뉴질랜드 최초의 국립공원으로 웅장한 화산 경관과 독특한 생태 환경이 많은 사람들을 끌어들이고 있다.

이 밖에 로터루아 북쪽의 마타마타(Matamata)는 새롭게 각광받는 여행지로 영화 『반지의 제왕』의 호빗 마을 촬영지이다. 전 세계의 많은 반지의 제왕 팬들이 이곳에 와서 호빗 마을을 둘러보곤 한다.

The Connection Bus는 타우포와 로터루아 간의 노선이 있다.
☏(07)378-9955

◎**통가리로 국립공원(Tongariro National Park)**
타우포와 통가리로 국립공원을 잇는 Alpine Scenic Tours의 차가 운행된다.
🕸 www.alpinescenictours.co.nz

여행자 서비스 센터
◎**마타마타 i-SITE 여행자 서비스 센터**
🏠 45 Broadway, Matamata　☏(07)888-6838
🅕(07)888-5653　🕸 www.matamatanz.co.nz
◎**타우포 i-SITE 여행자 서비스 센터**
🏠 P.O.Box 865 Taupo　☏(07)376-0027
🅕(07)378-9003　🕸 www.laketaupoNZ.com
◎**와이토모 i-SITE 여행자 서비스 센터**
🏠 21 Waitomo Caves Road　☏(07)878-7640
🅕(07)878-6184　🕸 www.waitomo.org.nz

통가리로 국립공원
Tongariro National Park

 P58

 북섬 중앙에 위치하며 타우포에서 차로 40분

◎The Grand Chateau

 State Highway 48, Mt. Ruapehu, Tongariro National Park

 (0800)242-832, (07)892-3809

 www.chateau.co.nz

통가리로는 1894년에 설립된 뉴질랜드 최초의 국립공원이다. 사화산 통가리로 마운틴, 나우루호에 마운틴과 활화산 루아페후 마운틴을 포함한다. 그중 루아페후 마운틴은 1990년대 몇 번의 폭발이 있었다. 가장 피해가 심했던 것은 1953년으로, 끓어오르는 진흙이 철로를 파괴해서 기차 안에 있던 153명이 안타깝게도 사망했다. 가장 최근의 폭발은 1995년 9월 18일이었다.

살아있는 화산 지형과 다원화된 생태 환경, 기이하게 형성된 지리 경관으로 1990년, 유네스코가 선정한 세계 자연 유산 명단에도 올랐다. 또 1993년에는 공원 내의 고산이 마오리 족 문화와 종교에 중대한 의미가 있다고 여겨져 문

화유산으로 지정되기도 했다.

영화 『반지의 제왕』 시리즈 속에서 절대 반지를 파괴할 수 있는 마운틴 둠(Mt. Doom)이 바로 나우루호에 마운틴이다. 산비탈의 와카파카(Whakapaka) 스키 지역 또한 영화에 여러 번 등장했었기 때문에 많은 자연 애호가와 영화팬들을 끌어들이고 있다.

국립공원에는 몇 시간의 코스부터 4일 코스까지 여러 가지 하이킹 코스가 있다. 그랜드 샤토(The Grand Chateau) 근처엔 여행자 서비스 센터와 화장실 등의 편의 시설도 갖추었다. 이곳에서 폭포까지는 도보로 약 40분 걸리며 일반인들이 가장 많이 이용하는 하이킹 코스이기도 하다.

그밖에 가장 인기 있는 코스는 길이 17km의 통가리로 크로싱(Tongariro Crossing)으로, 도중에 여러 분화구와 화산호를 지나기 때문에 경치를 감상하는 즐거움도 있다. 하지만 총 8시간이 걸리기 때문에 충분한 체력이 요구된다.

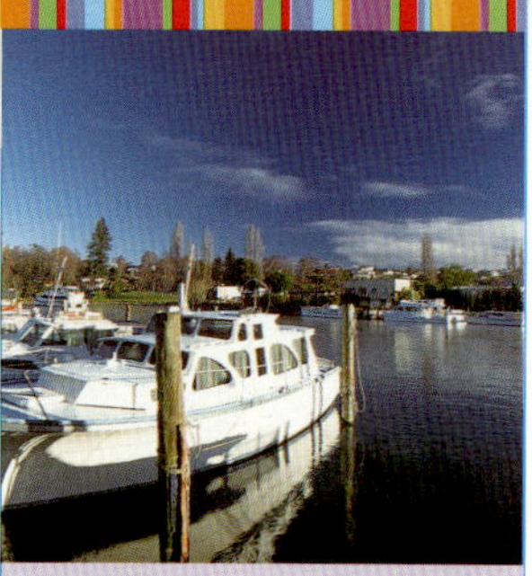

타우포
Taupo

 P58

 www.laketaupoNZ.com

　타우포 호수 동북쪽에 위치한 타우포는 로터루아에서 차로 1시간 거리에 있다. 옛날 화산폭발로 이곳에 비옥한 토양이 실려왔다. 마오리 인들은 화전이나 혼합 모래 등을 이용하는 서구 사회의 선진 농경 방법으로 이곳에 땅을 일구고 경작을 했다. 후에 영국이 이 토지를 사들였는데, 1860년이 되어서야 마오리 인들은 상황이 잘못되었다는 것을 판단했고, 전쟁이 발생하게 되었다.

　이것은 뉴질랜드 개국 전 쓰라린 과거 역사의 한 페이지를 장식하는 대목이다. 그러나 현재의 타우포 마을에는 조금도 그 흔적이 남아있지 않다. 거리에는 술집과 도박장이 즐비해 있고 새벽까지 사람들로 붐빈다.

　이곳은 북섬의 '모험의 도시'라고 불릴 정도로 스카이다이빙, 번지 점프, 카누, 제트보트, 고산 하이킹 등의 다양한 레저 활동을 즐길 수 있다.

타우포 호수

Lake Taupo

⚲ P58

Ⓦ www.laketaupoNZ.com

◎ Kayaking Kiwi

☎ (0800)353-435
　(03)378-7902

⑤ NZ$95, 티타임과 쿠키 포함

◔ 여름철 8:00, 13:30,
　겨울철 9:00, 12:00

Ⓦ www.kayakingkiwi.com

　타우포 호수는 한 번의 화산 폭발로 인해 생긴 화산 분화구에 물이 고여서 생성된 뉴질랜드 최대의 호수이다. 약 600평방미터로 싱가포르 전체를 수용할 수 있을 만큼 큰 세계 최대의 화산 호수이기도 하다. 타우포 호수를 바라보고 있으면 마치 끝이 없는 바다를 보는 것 같은 느낌이다.

　타우포 호수에서 배를 타고 호수를 구경해보자. 수면이 잔잔하기 때문에 나룻배를 저어도 안전하며, 경험이 없거나 수영을 못한다고 해도 유경험자나 교관이 동승하기 때문에 걱정할 필요가 없다. 배를 저어 타우포 호수를 지날 때 날씨가 좋다면 마오리 암석 조각을 가까이서 볼 수 있다. 호수 기슭에 위치한 마오리 암석 조각은 높이가 10m를 넘는다. 소문에 의하면 이 암석을 조각한 예술가는 다른 사람들이 비웃을까봐 일부러 물길로만 갈 수 있는 은밀한 곳을 작업공간으로 선택했다고 한다. 친구의 협조 하에 3년에 걸쳐 이 조각을 완성했다고 한다. 양 옆에 마오리 신화가 새겨져 있는 이 작품을 구경할 수 있는 유일한 방법은 배를 타거나 나룻배를 저어 가는 것뿐이다.

　타우포 호수에는 송어가 많이 서식한다. 이곳의 맛있는 송어를 맛보고 싶다면 먼저 신청을 한 뒤 자신이 직접 낚시를 해야 한다. 송어는 보호 생물이기 때문에 자신이 공을 들여 물고기를 낚아야만 맛있는 송어를 먹을 수 있다.

블랙 워터 래프팅
Black Water Rafting

🔹P58
🏠585 Waitomo Caves Road,Waitomo
💲블랙 라비린스(Black Labyrinth) NZ$81, 블랙 어비스(Black Abyss) NZ$175
🕐블랙 라비린스 9:00, 10:30, 12:00, 13:30, 15:00 블랙 어비스 9:30, 11:00, 13:00. 14:30
☎(0800)228-464, (07)878-6219
🌐www.blackwaterrafting.co.nz
❗만 12세 이상, 체중 45kg 이상이여야 가능

'블랙 워터'란 어두운 동굴 내의 지하수를 뜻한다. 블랙 라비린스는 방한의를 입고, 탐조등을 매단

후카 폭포
Huka Fall

🔹P58
◎Huka Jet
🏠Huka Falls Road, Wairakei Park
💲성인 NZ$89, 15세 이하의 어린이 NZ$49
🕐10월~4월 8:30~17:00, 5월~9월 9:00~16:00, 30분마다 출발
🚫12/25
☎(07)374-8572
📠(07)374-8573
🌐www.hukajet.com
❗사전에 통보를 하면 시내까지 무료 버스 운행

후카 폭포는 타우포에서 북쪽으로 3km 정도 떨어진 지점에 위치해 있다. 와이카토 강(Waikato River) 최대의 폭포로, 엄청난 낙차로 인해 웅장한 기세와 위용이 느껴진다. 가까이서 감상을 하고 싶을 때 가장 좋은 방법은 후카 제트(Huka Jet)에 탑승하는 것이다. 시속 80km의 속도로 와이카토 강의 암벽을 따라 질주한다. 후카 폭포의 웅장함을 온몸으로 느낄 수 있을 것이다.

와이토모 반딧불 동굴
Waitomo Glow Worm Caves

- P58
- 39 Waitomo Caves Road, Waitomo
- 성인 NZ$33, 4~14세의 어린이 NZ$14
- 여름 9:00~17:30. 겨울 9:00~17:00
- (0800)456-922,
- (07)878-8227
- www.waitomocaves.co.nz

1887년, 마오리족 족장이 영국의 측량사와 와이토모의 각처를 탐사할 때 손가락조차 보이지 않는 캄캄한 종유석 동굴 속에 푸

른 불빛이 가득 수놓아져 있는 것을 발견하였다. 이 빛은 모두 반딧불의 유충이 먹이를 유인하기 위하여 꼬리 부분에서 발출하는 푸른빛이다. 가이드의 인솔 하에 천만년 동안의 누적으로 형성된 종유석의 기이한 모습에 불빛을 비추며 작은 배에 앉아 물길을 저어 가면 양 옆과 머리 위에 푸른빛을 발하는 반딧불로 가득차 있는 것을 발견할 수 있을 것이다.

채 커다란 튜브를 지고 물속에 뛰어들어 어두운 석회암 동굴 속을 떠다니는 것이다.

만약에 스릴이 부족하다고 생각된다면, 블랙 어비스에 도전해보자. 암벽을 따라서 지하 동굴 입구까지 내려간 후 캄캄한 어둠 속에서 튜브를 끼고 물속으로 뛰어든다. 스릴 있는 표류를 마친 뒤에는 10m를 기어 올라가야만 다시 하늘을 볼 수 있다.

마타마타
Matamata

- P58
- 45 Broadway, Matamata
- 성인 NZ$50, 10~14세의 어린이 NZ$25
- 9:30, 10:45, 12:00. 13:15, 14:30, 15:45
- 12/25
- (07)888-6838
- www.hobbitontours.com
- i-SITE에서 집합 후 출발

영화 『반지의 제왕』에 나오는 호빗의 마을이 바로 이 마타마타의 농장 안에 있다. 호빗 마을 여행은 가이드가 두 시간 동안 전 코스를 통솔한다. 촬영 시의 에피소드를 들을 수 있을 뿐만 아니라, 현장에 있는 영화 화면의 사진과 실경을 대조해 볼 수 있다.

우들린 공원
Woodlyn Park

- P58
- 1177 Waitomo Vally Road, RD7, Otorohanga, Waitomo
- 키위 문화쇼 NZ$14 쾌속정 NZ$25
- 12/25 (07)878-6666
- (07)878-8866
- barry@woodlynpark.co.nz
- woodlynpark.co.nz

우들린 목장에서 가장 유명한

건 키위 문화쇼(Kiwi Culture Show)이다. 이 쇼의 연출을 맡고 있는 빌리 블랙이란 사람은 희한한 벌목 도구 시범을 보이거나 사람들을 무대로 부른 후에 산길 개로용 화약에 불을 붙이게 해서 이민자의 심정을 체험하게 하는 등 관객들에게 뉴질랜드의 개척 역사를 설명하고 있다. 이곳에는 웨스턴 스타일의 레스토랑, 희귀한 기차와 캡슐 여관 등도 있다.

로스트 월드
Lost World

- P58
- Waitomo Adventures
- NZ$225
- (0800)924-866, (07)878-7788
- (07)878-6266
- www.waitomo.co.nz
- 24시간 전에 필히 예약을 확인할 것

몸을 적시지 않고, 색다른 것을 경험하고 싶다면, 『로스트 월드』를 시도해 보자. 자신의 한 다리에 의지하여 수직으로 하강한 후, 땅 속 동굴 입구에 도착해서 탐험을 전개하는 프로그램이다. 종유석 동굴을 관찰하고 어둠 속에서 조용히 반딧불을 감상한 다음 긴 철 계단을 올라 땅 속을 나오면 된다.

베이 오브 플렌티
Bay of Plenty

- P58
- www.bayofplentyNZ.com

북섬의 북동쪽에 위치한 베이 오브 플렌티는 온화한 기후, 비옥한 토양으로 이름처럼 풍성한 농산품이 생산된다. 특히 테푸키(Te Puke)는 '세계 키위의 수도'라는 이름을 가지고 있는 키위 생산의 중심지이다.

베이 오브 플렌티에서 유명한 것은 키위 농장과 날씨 좋기로 유명한 카티카티(Katikati)이다. 이 마을의 건축물 외벽에는 대부분 벽화가 그려져 있는데 그 주제는 건축물 자체의 용도와 관련이 있어, 사람들의 눈길을 끈다. 근교에 있는 여러 개의 작은 목장에서 숙박을 제공하고 있다.

더 그랜드 샤또
The Grand Chateau

⚘ P58
⌂ State Highway 48, Mt. Rupehu,
Tongariro National Park
💲 McClaren Suite NZ$450,
Standard Room NZ$155,
Economy Room NZ$125
📞 (0800)242-832,
(07)892-3809
📠 (07)892-3704
@ reservation@chateau.
co.nz
🌐 www.chateau.co.nz

1929년에 설립된 더 그랜드 샤또는 국립공원 내의 루아페후 마운틴 산자락에 위치한 유일한 호텔이다. 영화 『반지의 제왕』 촬영 기간 동안 여러 연기자와 스태프들이 묵었다고 해서 더욱 인기를 끌고 있다. 여름에는 하이킹을, 겨울에는 스키를 즐길 수 있는 뉴질랜드 최대의 휴양지이기도 하다.

한때 병원이었던 이곳은 지진과 화산 폭발을 자주 겪었다. 소문에 따르면 이곳에는 찰리라는 유령이 자주 출몰한다고 하니, 혹시 만나게 된다면 놀라지 말고 인사를 건네 보자.

Taupo Central Backpackers

⚘ P58
⌂ 7 Tuwharetoa St.
📞 (07)378-3206
💲 NZ$22~NZ$55
@ taupocentral@xtra.co.nz

Berkenhoff Lodge & Backpackers

⚘ P58
⌂ Cnr, Duncan &Scannell Sts.
📞 (07)378-4909
💲 NZ$20~NZ$55
@ bhoff@reap.org.nz

Tiki Lodge

⚘ P58
⌂ 104 Tuwharetoa St.
📞 (07)377-4545
💲 NZ$24~NZ$70
🌐 www.tikilodge.co.nz

Bradshaws Bed & Breakfast

⚘ P58
⌂ 130 Heuheu St.
📞 (07)378-8288
💲 NZ$40~NZ$70

Chandlers Lodge

⚘ P58
⌂ 135 Heuheu St.
📞 (07)378-4927
💲 NZ$55~NZ$85
@ chandlertaupo@xtra.co.nz

Tui Oaks Motor Inn

⚘ P58
⌂ 84-86 Lake Terrace
📞 (07)378-8305
💲 NZ$110~NZ$150
🌐 www.tuioaks.co.nz

웰링턴

Wellington

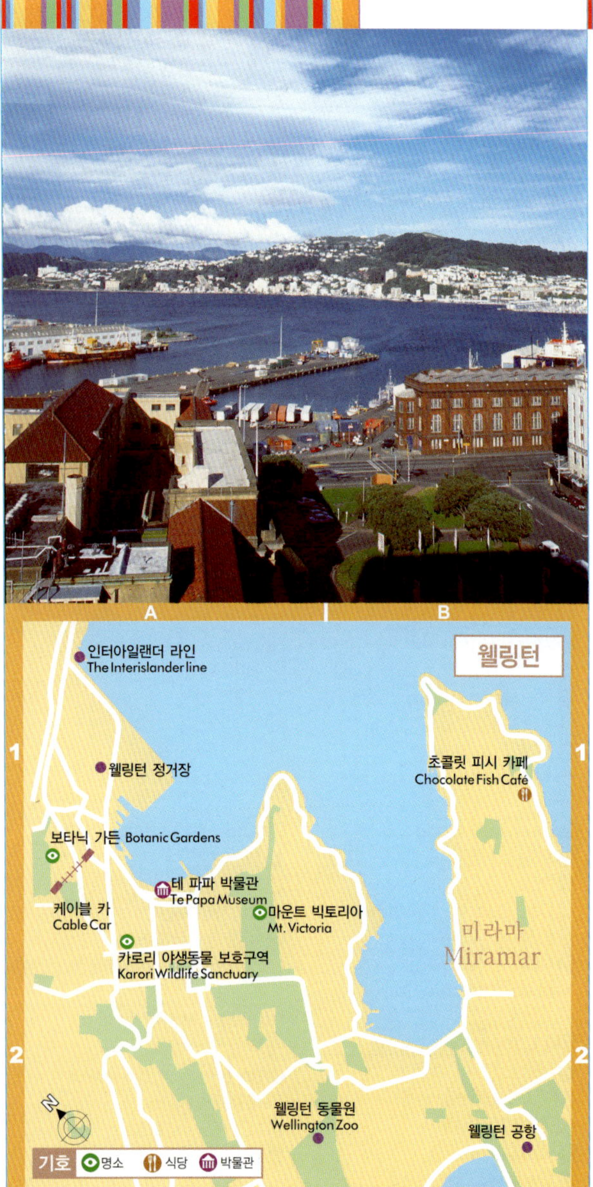

1850년대, 뉴질랜드는 남섬의 인구 발전과 북섬의 경제적 지위를 고려하여 1865년 수도를 오클랜드에서 웰링턴으로 옮겼다.
웰링턴은 최근 영화 산업의 주요 도시라고도 불리고 있다. 웰링턴 출신인 『반지의 제왕』의 피터 잭슨 감독은 영화를 통해 뉴질랜드의 아름다운 풍경을 전 세계에 알렸다. 그리고 웰링턴에 소프트웨어를 완비한 제작소를 설립하여, 많은 사람들을 영화산업에 참여시켰고 웰링턴으로 하여금 '웰리우드'라는 칭호를 얻게 하였다.

교통정보

시내 방면

◎항공편

웰링턴 국제공항은 시내에서 동남방 쪽으로 7km 떨어진 곳에 위치하고 있다. 정기편이 각 대도시를 연결하고 있다. Stagecoach Flyer 버스가 공항에서 시내를 운행하고 있다. (월~금요일)7:20~20:20-매 30분마다 출발
(주말, 공휴일)7:50~20:50-매 30~60분마다 출발

◎기차

기차역은 도심의 램튼구에 위치하고 있다. 오클랜드에서 출발하는 오버랜더(Overlander) 노선, 파머스톤 노스(PalmerstonNorth)를 잇는 캐피탈 커넥션(Capital Connection) 노선이 운행된다. 그리고 교외를 연결하는 Tranz Metro는 와이라라파(Wairarapa), 허트 밸리(Hutt Valley), 파라파라우무(Paraparaumu)와 Johnsonville 총 4개의 노선을 운행하고 있다. www.tranzmetro.co.nz

◎버스

오클랜드, 로터루아 등 각 주요도시, 명소로부터 고속버스가 웰링턴과 연결되어 있으며, 웰링턴 고속버스 터미널은 기차역 옆에 있다.

◎수로

남섬의 픽튼(Picton)에서 배로 올 수 있으며, 소요시간은 약 3~4시간 정도이다.

시내 교통

◎버스

시내버스는 역전과 Courtenay Place에 대부분 정차한다. 상세한 노선과 시간표는 인터넷을 통해 알아볼 수 있다.
www.stagecoach.co.nz

그 밖에 당일 여행에 적합한 시티 써큘러 여행버스가 있어 기차역, 테 파파 박물관(Te Papa Museum), 퀸스 부두(Queens Wharf), 시비 센터(Civic Centre), Courtenay 광장, 쿠바 몰(Cuba Mall), 전차 탑승구, 램튼 키(Lambton Quay)와 의회 등 시내 명소를 순환한다. 운행시간은 10:00~16:45이고, 배차간격은 15분이다.

웰링턴 i-SITE 여행자 서비스 센터

Corner of Victoria and Wakefield Sts., In Civic Square
(월~수요일) 8:30~17:00 (목) 8:30~21:00 (주말, 휴일) 9:30~16:30 (12월~3월) 8:30~21:00
(04)802-4860 www.wellingtonNZ.com

빅토리아 마운틴
Mount Victoria

 P68A1

 시내에서 20번 버스로 약 10~15분

시내 남쪽

 시내 남쪽에 위치한 해발 196m의 빅토리아 마운틴은 웰링턴 최고의 명소이다. 사방이 트여있어 360도로 멋진 풍경을 감상할 수 있다. 웰링턴 시내, 오리엔탈 베이, 램튼 항과 쿡 해협 모두가 한눈에 들어온다. 특히 여름에는 많은 사람들이 석양을 감상하러 이곳에 찾아온다.

 빅토리아 마운틴으로 오는 길목의 알렉산더 로드(Alexander Road) 역시 『반지의 제왕』 팬들이 반드시 들르는 필수코스 중 하나이다.

웰링턴 시내

램튼 구 Lambton
월리스 구 Willis
쿠바 구 Cuba
코트니 구 Courtenay

명소

케이블 카
Cable Car

◆ P68A1
🌀 서비스 센터에서 도보7분
🏠 280 Lambton Quay

💲 편도 NZ$1.8, 왕복 NZ$3.6
🕐 월~금요일 7:00~22:00
　 토요일 8:30~22:00
　 휴일 및 국경일
　 9:00~22:00
📠 (04)472-2200
🌐 www.cablecarmuseum.
　 co.nz

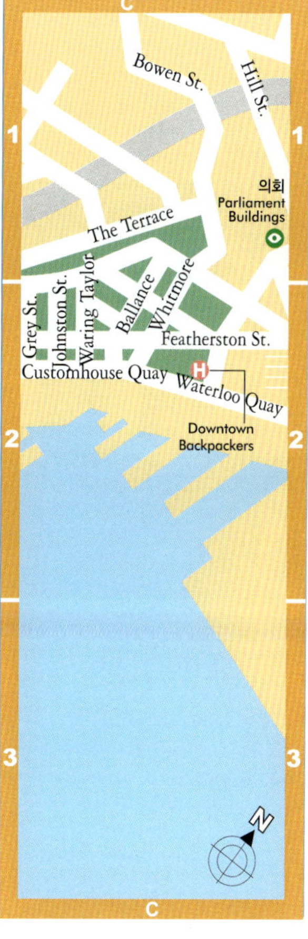

1890년대 웰링턴이 신속히 발전하고 있을 당시, 가장 번화했던 램튼은 급속히 포화상태가 되었다. 시내에서 거주할 수 없었던 사람들은 산으로 올라가 삶의 터전을 닦았고, 점점 안정이 되자 평지의 램튼과 산 위의 켈번 (Kelburn)을 연결하기 위해 케이블카를 만들어 1902년부터 운영을 시작했다.

백 년 동안 많은 주민들이 케이블카를 이용해 통근을 해왔다. 또 해마다 80만 명이 넘는 관광객들이 이곳을 찾아 교통수단으로서의 기능 외에 관광 수익에도 한 몫을 하고 있다. 케이블카는 시내의 램튼에서 출발하여 빅토리아 대학, 켈번 공원(Kelburn Park)을 지나 보타닉 가든(Botanic Garden)의 최고봉에 오르는데 운행거리는 약 610m에 이른다.

산 정상에 도달하여 아래를 내려다보면 시내와 항구가 한 눈에 들어온다. 산꼭대기에는 케이블카 박물관이 있어 케이블카와 관련된 자료들을 보며 역사를 공부할 수 있다.

P70B3
서비스 센터에서 도보 10분
Cable Street
무료, 타임 워프와 특별 전시
는 따로 비용을 받음
10:00~18:00,
목요일 10:00~21:00
(04)381-7000
www.tepapa.govt.nz
박물관 가이딩
11월~3월 매일 6회
4월~10월
10:15, 14:00 각 1회,
성인 NZ$10
어린이 NZ$5

'테 파파 통가레와(Te Papa Tongarewa)'는 마오리어로 '우리 땅'이라는 뜻이다. 3억 1천 7백만 뉴질랜드 달러를 들여 건립한 이 국립 박물관은 1988년 개관 첫 해에 200만 명의 관람객이 찾아왔고, 각종 매체를 통해 전 세계인들에게 뉴질랜드라는 나라를 알렸다.

이곳은 박물관이기는 하나 어찌 보면 테마파크에 더 가까운데, 1층에는 기념품점과 카페, 2층에는 여행자 서비스 센터가 있다.

'타임 워프(The Time Warp)'는 시뮬레이션 체험방식으로 관람자들을 과거와 미래의 뉴질랜드로 안내한다. 또 용기가 없어 번지 점프를 못 해본 사람들은 이곳에서 가상으로 체험해 볼 수 있는데 100m 높이에서 뛰어 내리는 것 같은 스릴을 맛볼 수 있다고 한다.

3, 5, 6층은 단기 전람실로 분류

엠버씨 극장
Embassy Theatre

P70A3
10 Kent Terrace
(04)384-7657
www.deluxe.co..nz

피터 잭슨 감독은 『반지의 제왕』의 전 세계 첫 개봉을 이곳에서 하기로 결정한다. 1924년에 완공된 이 영화관은 당시 1749명의 관중을 수용할 수 있는 전국 최대 규모의 영화관 중 하나였다. 프랑스와 이탈리아에서 유학한 건축사가 웅장한 대청, 대리석 계단, 메탈 팔걸이, 스크린 위의 아케이드 등과 같은 1920년대 미국에서 유행했던 범 고전주의 양식으로 건축했다. 반지의 제왕 시리즈 첫 개봉을 통해 엠버씨 극장도 대대적인 보수 공사에 들어갔다.

되어 있고, 4층은 뉴질랜드의 각 원주민 부족 이야기가 열거되어 있다. 마오리 인들이 테 파파의 준공을 기념하기 위하여 두 가지 선물을 했는데 하나는 현대적인 방식으로 지어진 마오리의 집회소이며, 또 하나는 수 미터 높이의 마오리 토템 기둥이다. 관내에는 어린이를 위해 흥미로운 학습 방식을 도용한 4개의 테마 탐험 센터가 있어 많은 어린이들에게 환영받고 있다.

의회
Parliament

P71C1

웰링턴 터미널에서 도보3분

Molesworth St.

월~금 10:00~16:00,
토요일과 국경일 10:00~15:00,
일 12:00~15:00

1/1, 1/2, 2/6, 수난일,
12/25, 12/26

(04)471-9503

www.parliament.govt.nz

　기차역 맞은편에 위치한 원주형 건축물이 바로 뉴질랜드의 의회 건물이다. 특이한 외관 덕분에 벌집(Beehive)이라는 별명으로 불리고 있다. 영국의 건축가 바실 스펜스(Basil Spence)가 설계한 것으로, 1969년 건축하기 시작해 1980년에 완공되었다. 특이한 벌집구조는 자주 발생하는 지진에 대비한 것으로 한 층 한 층의 가로로 된 격자를 통해 지진 발생 시의 진동이 분산된다. 의회의 고전적인 건축구조와 1992년에서 1995년 사이의 재건축과 역사 및 1899년 완성된 도서관 등은 가이드의 안내를 받으며 관람할 수 있지만, 가장 사람들의 흥미를 끄는 벌집의 건축 내부는 대외적으로 개방되어 있지 않다.

보타닉 가든
Botanic Garden

🏂 P68A1
🚠 케이블카를 타고 Kelburn역
　에 오면 도착
🏠 101 Glenmore St.,
　Thorndon,Wellington
🕐 9:00~17:00
休 12/25　☎ (04)499-1400

보타닉 가든은 원시생태의 수림과 다른 나라의 수종 및 다양한 화초들을 보유하고 있어 '웰링턴 도시의 심폐' 라고 불린다.

가장 주목을 받는 것은 '노르우드 장미원(The Lady Norwood Rose Garden)' 이다. 이곳에는 11월에서 다음 해 4월까지 만개하는 수백 종의 장미가 심어져 있다. 그리고 뉴질랜드 국립 천문대(Carter Observatory)도 이곳에 위치해 있어 함께 들러볼 수 있다.

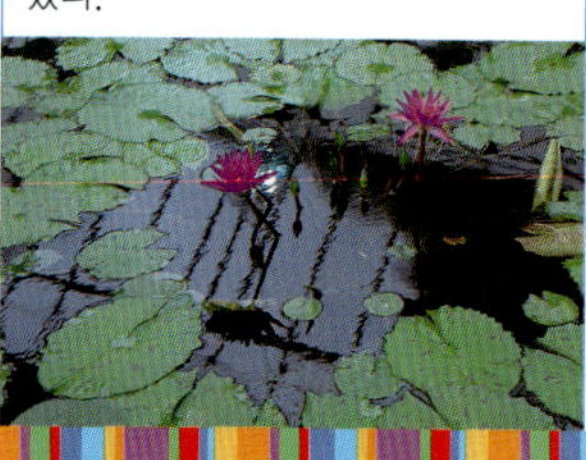

카로리 야생동물 보호구역
Karori Wildlife Sanctuary

🏂 P68A2
🏠 31 Waiapu
　Rd.,Karori,Wellington
💲 성인 NZ$10, 어린이 NZ$4
　야간 관람, 성인 NZ$45,
　어린이 NZ$20
🕐 10:00~17:00
　마지막 입장 시간 16:00
休 12/25
☎ (04)920-9200,
　(04)920-2222
🌐 www.sanctuary.org.nz

웰링턴 시내에서 3km 떨어진 곳에 위치한 카로리 야생동물 보호구역은 뉴질랜드 원생 동식물을 복원하고, 외부로부터의 생태 파괴를 막고자 하는 목적으로 지정되었다.

이 지역에 자유롭게 드나들 수 있는 유일한 것은 조류뿐이다. 원생수종을 복구하기 위해 외부의 육식 동물을 격리시켰고, 적합한 조류들의 서식을 유도했다. 생태 환경 전체의 복원을 목표로 하고

미라마
Miramar

🏂 P68B2
🏠 시내 동남부의 미라마 반도

웰링턴 동남부에 위치한 미라마는 원래 웰링턴 주민들이 휴일에 레저를 즐기던 교외 해안 지역이었다. 피터 잭슨 감독이 『반지의 제왕』을 제작할 때, 미라마에 웨타(Weta) 필름 제작소를 설립하여 많은 영화의 편집 작업을 이곳에서 진행했다. 후에 촬영한 영화 『킹콩』의 해상 신은 이곳을 중심으로 근처 리올 만(Lyall Bay)과 카피티(Kapiti) 보호 구역에서 대부분 촬영되었다.

『킹콩』에서는 많은 사람들을 놀라게 했던 특수 효과들이 있었다. 그 배경을 실제로 볼 수는 없지만 미라마의 항구에는 당시 촬영을 위해 세웠던 선박 배경이 남아 있으며 몇몇 영화 속의 대형 도구들은 필름 제작소의 공터에 놓아두었다.

램튼 부두
Lambton Quay

 P70B2

 램튼 부두는 웰링턴의 주요 가
도로 기차역에서 약 1100m 거
리의 도로에 5곳의 쇼핑센터와
무수한 디자이너 숍, 커피숍, 레
스토랑 등이 밀집해 있는 곳이
다. 이 거리에는 눈에 띄는 고전
건축물과 1863년에 건립되어
'가장 우아한 쇼핑센터'라고 불
리는 올드 뱅크 쇼핑 아케이드
(Old Bank Shopping Arcade)
가 있다.

 있지만, 500년에 걸친 장기 계획
이기 때문에 구역을 특별히 정리
한다거나 삼림의 자연조절기능에
대해 간섭하지 않기로 했다.
 이곳에서 가장 눈길을 끄는 것은
키위 새이다. 전 세계에 2,000여
마리가 채 안 되는 키위 새가 이
보호구역에서만 40에서 60마리
정도가 서식하고 있다. 사전에 야
간 관람을 예약했다면 야간 활동
중인 키위 새를 볼 수 있다.
 한 낮의 카로리는 하이킹을 즐
기기에 적합한데, 울창한 삼림과
시시때때로 들려오는 새 소리가
사람들의 기분을 유쾌하게 한다.
그 밖에 1870년에 발견된 금광에
서 채금을 했던 흔적들을 볼 수
있다.
 커다란 댐에 가득한 물은 웰링
턴의 상수도로 연결되고 있다.

인터아일랜더 라인
The Interislander line

 P68A1

 NZ$45

 (0800)802-802

 www.interislandline.co.nz

 북섬에서 남섬으로 가려면 비행
기를 이용하거나, 북섬의 웰링턴
에서 인터아일랜더 라인을 타고
쿡 해협을 지나 남섬의 픽튼으로
가야 한다. 매일 운송하는 사람과
차가 많기 때문에 선착장의 규모
가 공항과 비슷하다. 먼저 짐들을
체크인하고 카운터에서 승선 티
켓을 받은 뒤 차례대로 승선을
하면 된다. 소요시간은 약 3시간
이나.
 바다를 보며 햇빛을 쬐는 것이
싫다면 배 안의 편의시설을 이용
하자. 배 안에는 커피숍, 레스토
랑, 오락실, 심지어는 영화관까지
있다. 영화관의 좌석이 많지 않기
때문에 영화를 보려면 빨리 행동
해야 한다. 서비스 센터에서 당일
상영하는 영화를 알려준다.

워크샵
Workshop

 P70B2

 Old Bank Chambers, Cnr. Customhouse Quay & Hunter St.

 (04)499-9010

 www.workshop.co.nz

　고전적인 외관의 올드 뱅크 쇼핑 아케이드 안에 위치한 순수 뉴질랜드 의류 브랜드이다. 간결하고 우아한 디자인이 특징인 워크샵의 옷들은 알맞은 재단으로, 입었을 때 편안하고 화려한 장식이 없어도 개인의 매력을 이끌어낼 수 있는 것이 장점이다. 정장과 데님 진 계통의 의류가 있다.

이코이코
Iko Iko

 P70A2

 18 Cuba Street

 월~화, 목 9:30~18:00
　수 10:00~18:00
　금 9:30~20:00
　토 10:00~17:00
　일 11:00~17:00

 (04)385-0977

 www.ikoiko.co.nz

　이곳은 웰링턴 현지의 젊은 사람들이 좋아하는 상점으로 생활용품, 완구, 서적, 액세서리 등을 판매하는 곳이다. 과장된 모양, 대담한 색채, 뉴질랜드 이미지가 녹아있는 여행 기념품 등을 이곳에서 구매할 수 있다. 희귀한 물건들도 상당히 많다.

앱스트랙트
Abstract

 P70A2

 125 Cuba Street,
  Wellington

 월~(토)9:30~18:00, 일
 11:00~17:00

 (04)385-7511

 www.abstractdesign.
 co.nz

 이곳에선 주방도구, 시계, 사진첩, 액세서리부터 솔까지 각종 가정용품을 판매한다. 매장 내 가장 특색 있는 것은 금속 재질의 상품들이다. 금속의 차가운 질감을 잘 살려내어 간결하고 현대적인 느낌을 나타냈다.

월드
World

 P70B2

 98 Victoria Street

 (04)472-1595

 www.worldbrand.co.nz

 월드는 뉴질랜드 남녀 모두에게 사랑받는 패션 브랜드이다. 대체적으로 회색, 흰색, 검은 색 등 무채색의 조화로 우아한 디자인의 옷들이 많다. 자짓 부거운 느낌이 들 수도 있는 정장 외투의 뒤쪽에 턱시도 디자인으로 활발함을 더해놓는 등 유머러스한 포인트도 돋보인다.

 의상의 점잖은 색채와는 대조적으로 브로치, 목걸이, 모자 등 액세서리의 디자인은 비교적 화려하기 때문에 매우 눈에 띈다.

피델스 카페
Fidel's Café

- P70A2
- 234 Cuba Street
- 월~금 7:30~새벽
  주말 9:00~새벽
- (04)801-6868

쿠바 스트리트에 위치한 이 카페는 이름도 쿠바의 독재자 카스트로의 이름(Fidel Castro)에서 따왔다. 내부는 검은색 가죽의자, 붉은 벽면, 나무 바닥, 카스트로의 사진과 그림으로 꾸며져 있고, 카스트로 도안의 티셔츠까지 판매하는 등 곳곳에서 진한 쿠바의 정서를 느낄 수 있다. 이 카페의 주인인 로저(Roger)는 시원시원하고 붙임성이 있다. 그가 제공하는 음식은 모두 간단한 가정식 메뉴인데 맛도 괜찮은 편이다. 특별히 로저의 계란볶음을 먹기 위해 이곳을 찾는 사람도 있다.

올리브 카페
Olive Cafe

- P70A2
- 170-172 Cuba Street
- 월 8:00~17:00
  화~금 8:00~22:00
  토 9:30~22:00
  일 9:30~17:00
- (04)802-5266

1997년에 개점한 이곳은 개점 시 정원에 심었던 올리브 나무 때문에 올리브 카페라는 이름이 붙여졌다. 흰 벽면에 걸려 있는 흑백사진, 나무 바닥에 어울리는 짙은 색의 나무 탁자와 의자 등 인테리어는 간단해 보이지만 예술적 분위기를 풍겨내고 있다.

이곳에서 가장 인기 있는 커피는 우유를 넣은 플랫 화이트(Flat White)이다. 커피 외에 음식으로도 매우 유명한데 제철 재료를 올리브유나 포도씨유로 조리한 뒤 유럽과 아시아의 풍미를 조합시키기 때문에 각 요리마다 그 맛이 매우 독특하다.

초콜릿 피쉬 카페
Chocolate Fish Café

⏣ P68B1

🗺 웰링턴 도심에서 남쪽으로 많은 레스토랑과 커피숍을 거쳐, Oriental Bay와 공항을 지나 Shelly Bay로 들어와서 Scorching Bay까지 오면 도착

🏠 497A Karaka Bay Road

@ 8:30~17:30

☎ (04)388-2808

초콜릿 피쉬 카페는 뉴질랜드 인이 자주 먹는 디저트로 물고기 모양의 초콜릿 안에 마시멜로가 들어있는 것이다. 이 카페의 벽에는 각종 표정과 모양의 물고기 조소가 걸려있어 구경하는 재미도 있다. 노천카페는 쿡 해협과 마주하고 있어 해가 질 무렵 이곳에 앉아 커피를 마시며 노을 지는 바다 풍경을 감상할 수 있다.

영화 「반지의 제왕」과 「킹콩」의 배우들도 이곳에 와서 커피를 마시며 휴식을 즐겼다고 한다. 카페의 카운터에 킹콩 인형이 있는데 그 위에 배우들의 사인이 있다. 이곳은 늘 손님이 많다. 특히 휴일이 되면 빈자리를 찾을 수 없을 정도로 사람들이 많이 찾아온다.

모조 커피
Mojo Coffee

 P70B2
 182 Wakefield Street
 월~금 7:30~17:00
　토 8:30~17:00
　일 9:00~17:00
 (04)801-7891
 www.mojocoffeecartel.
　com

　웰링턴의 많은 커피숍 가운데 어디를 가야할지 고민하는 사람들에게 커피 마니아들은 모조 커피(Mojo Coffee)를 추천한다. 스테인드글라스와 짙은 갈색으로 건축된 내부는 전체적으로 중후하며 화려하지 않다. 이곳에는 음식도 제공하지 않고 화려한 인테리어로 손님을 유혹하지도 않지만 한 잔의 진한 에스프레소가 사람들의 마음을 움직인다. 모조 커피는 점내에 커피 볶는 기계를 설치했다. 운이 좋다면 주인이 커피 볶는 모습을 직접 볼 수 있다.

Finc 카페
Finc Café

 P70B2
 122 Wakefield Street
 월~금 7:00~22:00
　토 9:00~22:00
　일 9:00~18:00
 (04)499-2999

　Finc는 'Food Incorporated'의 약칭으로 맛있는 음식과 커피 그리고 칵테일을 판매하고 있다. 2004년 7월 개점 이래 웰링턴의 맛집 지도에 한 자리를 차지했다. 모자이크 기와, 동제 스탠드, 목제 의자, 미백색 벽면 등 절묘하게 조합된 고전과 현대의 실내 장식 역시 이곳의 특징 중 하나이다. 또 쇼핑 아케이드 상권과 시민 광장과 가까워, 지리적으로도 매우 유리한 곳에 자리 잡고 있다. 비즈니스, 쇼핑 등으로 지친 사람들이 잠시 와서 커피를 마시며 휴식을 즐기기에 좋은 곳이다.

니카우
Nikau

 P70B2
 City Gallery Building,
　Civic Square
 월~목 7:00~16:00
　금 7:00~20:00
　토, 일 9:00~16:00
 (04)801-4168

　시티 갤러리(City Gallery)에 위치한 니카우는 흰색 위주의 실내 공간이 갤러리의 현대적이고 간결한 품격을 말해준다. 날씨가 좋을 때는 실외의 테이블에 앉아 커피를 마시며 따사로운 햇빛을 즐길 수 있다. 주말 오전 10시쯤 되면 이곳에서 아침을 먹고 이야기를 나누다가 쇼핑을 하러 가는 사람들로 북적거린다.

H 숙박

Base Backpackers

P70A3
21-23 Cambridge Tce.
(04)801-5666
NZ$25~NZ$85
www.basebackpackers.com

Rosemere Backpackers

P70A2
6 MacDonald Crescent
(04)384-3041
NZ$22~NZ$56
www.backpackerswellington.co.nz

Wildlife House Backpackers

P70A3
58 Tory St.
(04)381-3899
NZ$25~NZ$65
www.wildlifehouse.co.nz

Wellington City YHA

P70B3
292 Wakefield St.
(04)801-7280
NZ$25~NZ$70
www.stayyha.com

Downtown Backpackers

P71C2
1 Bunny St.
(04)473-8482
NZ$22~NZ$70
www.downtownbackpackers.co.nz

Capital View Motor Inn

P70A2
12 Thompson St.
(04)385-0515
NZ$95~NZ$110
www.capitalview.co.nz

Halswell Lodge

P70A3
21 Kent Tce.
(04)385-0196
NZ$79~NZ$155
www.halswell.co.nz

West Plaza Hotel

P70B2
110-116 Wakefield St.
(04)473-1440
NZ$150부터
www.westplaza.co.nz

Hotel Wellington

P70A2
213 Cuba St.
(04)385-2153
NZ$99부터
www.hotelwellington.co.nz

Duxton Hotel Wellington

P70B2
170 Wakefield St.
(04)473-3900
NZ$220부터
www.duxton.com

웰링턴 인근
Around Wellington

와이라라파는 북섬 동남단에 위치한 곳으로 '웰링턴의 후원(Back Yard)'이라 불린다. 자동차나 버스를 타고 시골 분위기의 작은 마을을 지나 와인 생산지로 유명한 마틴보로, 많은 예술 소상점이 있는 그레이타운 등을 갈 수 있다.

와이라라파 북쪽의 호크스 베이(Hawke's Bay)는 뉴질랜드에서 가장 오래된 와인 산지 중 하나로 백년의 역사를 가지고 있으며 전원 풍경이 매우 멋있다. 그리고 주요 도시인 네이피어(Napier)는 '장식 예술의 도시'로, 시내를 천천히 걸으며 아름다운 건축물을 감상할 수 있다.

교통정보

가는 방법

◎와이라라파(Wairarapa)

 웰링턴에서 와이라라파의 마스터튼(Masterton)까지 Tranz Metro 통근 기차가 있으며, 카터튼(Carterton)과 페더스튼(Featherston)에서 정류한다. www.tranzmetro.co.nz. 마스터튼에서 마틴보로까지는 WairarapaCoach Line의 버스가 운행된다. (06)308-9352

◎네이피어(Napier)

 네이피어 공항에선 오클랜드, 크라이스트처치, 웰링턴으로의 비행편이 있고, 버스가 도심까지 운행되며 Inter City와 New mans의 버스 또한 오클랜드, 로터루아, 타우포, 파머스톤 노스, 웰링턴 등에서 운행된다.

상세한 운행표와 시간표는 인터넷 참조

www.intercitycoach.co.nz   www.newmanscoach.co.nz

현지 교통

◎와이라라파

와이라라파 각 도시 간의 버스 교통 문의 www.metlink.org.nz

◎네이피어

도보로 관광이 가능하다. 교외의 주조장에 가고 싶다면, i-SITE에서 현지 버스 노선을 문의해 볼 수 있고, 와이너리 관광 코스에 참가할 수 있다.

여행자 서비스 센터

◎마틴보로 i-SITE 여행자 서비스 센터

18 Kitchener Street, Martinborough

(06)306-9043

(06)306-8033

www.wairarapaNZ.com

◎네이피어 i-SITE 여행자 서비스 센터

100 Marine Parade, Napier, Hawke's Bay

월~금 8:30~17:00, 주말 9:00~17:00

(06)834-1911   (06)835-7219

www.napiervic.co.nz   www.hawkesbay.com

웰링턴 인근

Palmerston North 방향
Hawke's Bay, Napier 방향

A
B

와이카나에
Waikanae
파라파라우무
Paraparaumu

파우아 쉘 팩토리 & 숍
Paua Shell Factory & Shop

마스터톤
Masterton

카이로케 지역 공원
Kaitoke Regional Park

카터톤 Caterton

그레이 타운 Greytown

어퍼 허트
Upper Hutt
페더스톤
Featherston

티로하나 이스테이트
Tirohana Estate

올리보 올리브 그로브
Olivo Olive Grove

마틴보로
Martinborough

마틴보로 와인센터
Martinborough Wine Center

로어 허트
Lower Hutt

웰링턴
Wellington

와이라라파
Wairarapa

기호
명소
와이너리
상점
국도

C
D

호크스베이

공항
공항

네이피어

네이피어
Napier

웨스트쇼어
WESTSHORE
Pinehaven Bed & Breakfast

테 아와 와이너리
Te Awa Winery

해스팅스
Hastings

Breakwater Rd.

Meeanee Quay

Shakespeare Rd.

←Tukipo
Terraces Farmstay 방향

블러프 힐
BLUFF HILL

아후리리 AHURIRI
Criterion Art Deco Backpackers

Pandora Rd.

HOSPITAL HILL

아트데코 트러스트
Art Deco Trust

Napier YHA
Sea Breeze Bed & Breakfast

Tennyson St.
Thackeray St.

Munroe St.

Prebensen Drive
Prebensen Drive

Stables Lodge Backpackers

네이피어 사우스
NAPIER SOUTH

Tamatea Dr.

미션 이스테이트
Mission Estate

Riverbend Rd.
Kennedy Rd.
Georges Drive

Latham St.

McGrath St.

Marine Parade

Edgewater Motor Lodge

테 아와

호네카와
ONEKAWA

마래누이
MARAENUI

테 아와
TE AWA

Church Rd.

Westminister Ave.
York Ave.
Coventry Ave.

타라데일 Rd.

Taradale Rd.

TAM ATEA

PIRIMAI

Riverbend Rd.

Chambers St.

Eriksen Rd.

Te Awa Ave.

처치로드
Church Road

그린메도우즈
GREENMEADOWS

Gloucester St.

Hawkes Bay Expressway

Tannery Rd. Ulyatt Rd.

Waverley Rd.

Willowbank Ave.

Lee Rd. Avondale Rd.

Guppy Rd.

타라데일
TARADALE

제보이스타운
JERVOISTOWN
MEEANEE

Meeanee Rd.

아와토토
AWATOTO

기호
명소
와이너리
i-SITE
국도

◉ 명소

마틴보로 와인 센터
Martinborough Wine Centre

- P84B2
- 6 KitchenerSt., Martinborough
- 10:00~17:00
- 수난일, 부활 주일, 12/25
- (06)306-9040
- www.martinborough-winecentre.co.nz

마틴보로는 북섬에서 유명한 와인 산지로, 와인 주조를 시작한 지 30년밖에 안 된 가족 경영의 작은 와이너리이지만 엄격한 주조 방식으로 최고급 와인을 생산하고 있다. 그러나 비기업화 경영으로 인하여 외지에서는 살 수 없기 때문에 마틴보로로 직접 와야 한다.

이곳에는 전시 판매 센터가 있는데 여러 와이너리의 와인을 비교할 수 있고 또 와인뿐만 아니라 현지 농산물, 올리브유, 벌꿀비누, 라벤더 오일 등을 구매할 수도 있어 여행객들에게 많은 사랑을 받고 있다.

티로하나 이스테이트
Tirohana Estate

- P84B1
- Purautanga Road, Martinborough, Wairarapa
- 9:00~18:00
- 수난일, 4/25, 12/25
- (06)306-9933
- www.tirohanaestate.com

1988년에 설립된 와이너리로 수공방식 포도 수확을 고집한다. 이러한 결과 티로하나에서 주조되는 와인들은 모두 화려한 수상경력을 자랑한다. 마틴보로의 소형 와이너리들 가운데 가장 빛나는 업적을 달성하고 있는 것이다.

이곳에는 작은 전시공간이 마련되어 있는데 여행객들은 시음을 하면서 마틴보로의 주조 발전 과정을 알 수 있다. 그리고 수공 잼, 절임음식, 조미료 등도 판매하고 있다. 와이너리 옆의 목조 건물은 민박이다. 긴결하면시 편안한 설비와 주인의 친절한 접대로 뉴질랜드 관광국 평가에서 5성급 우수 민박으로 선정되었다.

미션 이스테이트
와이너리
Mission Estate Winery

P84C2

198 Church Road,
Tradale, Hawke's Bay

월~토 9:00~17:00
일 10:00~16:30
가이드 설명-
매일 10:00, 14:00

(06)845-9350

www.missionestate.co.nz

이곳은 뉴질랜드에서 가장 오래된 와이너리이다. 1851년 프랑스에서 온 마리아 형제회(French Marist)의 선교사가 호크스 베이에 도착한다. 그 후 프랑스의 포도 재배법과 양주기법을 가지고 주조를 시작해서 지금까지 향긋한 술을 생산해낼 수 있었다. 지하의 술 저장실에서는 옛날 주조 도구와 역사적인 사진을 구경할 수 있다.

주조장 안에는 넓은 정원이 있고 그 옆에는 레스토랑이 있다. 정원에는 작은 교회가 있어 결혼식이 거행되곤 한다.

네이피어 아르 데코 투어
Napier Art Deco Tour

P84D1

163 Tennyson Street,
Napier

오전팀-NZ$10
오후팀-NZ$15

10:00, 14:00에 각각 한 팀

12/25

(06)835-0022

www.artdeconapier.com

네이피어 시내의 건물은 대부분 장식 예술(Art Deco)의 건축물이다. 네이피어는 1931년 2월 3일, 규모 7.9의 대지진으로 인해 도시가 붕괴된 적이 있다. 주민들은 당시 가장 유행하던 아르데코 양식으로 재건축을 했다. 이는 건축 원가가 쌀 뿐만 아니라 건축물이 받는 압력도 작아 지진이 다시 발생하더라도 피해를 줄일 수 있기 때문이다.

주민들의 정성스런 보살핌 아래 1930년대의 건축물이 지금까지 완전히 보존되었고, 새로 짓는 건물도 이 양식으로 건축해 도시 전체가 70년 전의 고전 분위기를 그대로 간직하고 있다.

테 아와 와이너리
Te Awa Winery

P84C1

2375 State Highway 50, RD 5, Hastings, Hawke's Bay

시음 9:00~17:00
레스토랑 12:00~15:00

(06)879-7602

www.teawa.com

점심 식사 예약필수

로손(Lawson) 가문이 1992년에 건립한 곳으로 역사는 깊지 않지만 이미 호크스 베이에서는 손꼽히는 와이너리이다. 이 개인 와이너리는 시간이 걸리고 손이 많이

들며 경비가 소비되더라도 오래된 주조방식을 고집해 테 아와라는 유명한 와인을 생산해냈다.
테 아와 레스토랑은 '올해의 최고 와이너리 레스토랑'의 영예를 안을 만큼 호평을 받고 있다. 호주 출신 요리사 브렌트 카메론이 호크스 베이 지역의 산물을 이용하여 다양하면서도 균형을 지키는 맛을 창조해냈고 거기다 아시아, 중동, 유럽의 스타일을 결합시켜 마니아와 미식가들의 호평을 얻었다.

처치 로드
Church Road

P84C2

150 Church Road, Taradale, Hawke's Bay

NZ$10, 시음과 와이너리 견학 포함

9:00~17:00, 주조장 견학 10:00, 11:00, 14:00, 15:00

1/2, 수난일, 12/25

(06)844-2053

www.churchroad.co.nz

1897년 설립된 처치 로드는 우수한 품질의 술을 생산하는 호크스 베이에서 가장 오래된 3대 주조장 중 하나이다. 지하에 위치한 박물관은 원래 나무통을 놓아두었던 술 저장소였으나 지금은 각

종 그림과 문서자료를 전시하고 있다. 그리고 옛 주조 도구들을 수집해 놓았으며 예전의 주조 풍경을 조각으로 재현해 놓아 사람들로 하여금 현장에 있는 것 같은 착각을 불러일으킨다. 매년 2월에는 이곳에서 처치로드 재즈 음악회를 열어 와이너리에 색다른 매력을 더하고 있다.

쇼핑

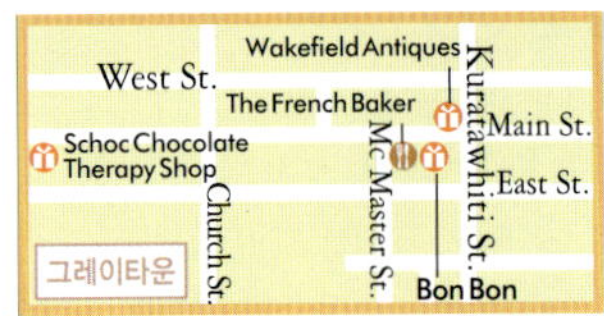

그레이타운
Greytown

 P84B1

　그레이타운은 뉴질랜드 초기의 내륙 도시이다. 당시 웰링턴으로 이민 갔던 사람들이 더 값싼 땅을 찾기 위해 그레이타운의 개발을 촉진시켰다. 그레이타운은 크지 않으나, 메인 스트리트에 빅토리아 품격의 식민 건축물이 보전되어 있고, 독특한 분위기의 상점들이 모여 있어 많은 사람들이 휴일이 되면 이곳을 찾아온다.

파우아 쉘 팩토리 & 숍
Paua Shell Factory & Shop

 P84B1
 54 Kent St.
 월~금 8:00~17:00
　휴일과 국경일 9:00~17:00
 (06)379-6777
 www.pauaworld.com

　뉴질랜드 각 대도시의 기념품점에선 전복 껍질로 만든 상품을 볼 수 있는데 이러한 상품들은 대부분 카터튼(Carterton)의 이 예술품 공장에서 오는 것들이다. 어느 잠수부가 풍부한 광택과 색채의 전복을 이용해 예술품을 만들었고, 1979년 이 공장이 세워지게 되었다. 진주조개와 섭조개를 이용하여 제작한 것도 있고, 재질에 따라 색채와 도안도 모두 다르다. 목걸이, 귀걸이, 문구류, 수저 등 다양한 디자인의 상품이 있다.

웨이크필드 앤틱스
wakefield antiques

 P88
 72 Main Street, Greytown
 10:00~16:30
 (06)304-9807

　이곳은 그레이타운에서 가장 오래된 골동품 점으로 규모도 꽤 크다. 점내엔 영국, 프랑스 수입의 골동품, 수정 램프, 컵받침, 전화, 방직물, 탁자, 의자, 서랍 등 종류가 굉장히 많다. 가게에선 비정기적으로 바자회를 열어 많은

골동품 애호가들이 자신만의 보물을 찾으러 자주 방문한다.

올리보 올리브 그로브
Olivo Olive Grove

P84B2
Hinakura Rd.,
　Martinborough, Wairarapa
(06)306-9074
olivo.co.nz

이곳은 와이라라파 지역의 첫 번째 올리브 농장으로 현재 농장 내엔 천 그루 정도의 올리브 나무가 있다. 매년 5, 6월에 수확한 올리브는 품질이 상당히 우수하며 이미 여러 번의 뉴질랜드 올리브유 평가에서 특별상을 수상했다. 올리브 농장 참관 코스에 참가하면 올리브 농장을 가보거나, 올리브유 제작과정을 배울 수 있다. 그중 사람들이 가장 기대하는 것은 각종 올리브유를 맛보는 것이다. 레몬 맛, 감귤 맛, 고추 맛 등 다양한 올리브유에 빵을 찍어 먹을 수 있다.

본 본
Bon Bon

P88
Main Street, Greytown

붉은 색과 검은 색을 기초로 한 각양각색의 스탠드, 화려한 도안의 의자들이 실내 디자이너인 주인의 예술적 안목을 드러낸다. 가게에 진열된 것들은 주인이 직접 파리와 유럽의 각지에서 선별하여 가지고 온 물건이다. 선명한 색채, 과장된 도안, 화려한 구슬과 반짝이로 가득한 장식들이 독특한 분위기를 나타내며 대부분 하나밖에 없는 상품이기 때문에 다른 사람에겐 없는 나만의 특별한 멋을 뽐낼 수 있다.

더 프렌치 베이커
The French Baker

P88

81 Main St. Graytown

@ Moise@frenchbaker.co.nz

프랑스 출신의 한 빠티시에가 세계를 돌아다니며 경험을 쌓던 중 뉴질랜드에서 온 여성과 만나 사랑에 빠졌다. 두 사람은 여성의 고향인 뉴질랜드에 정착해 그가 가장 자신 있어 하는 프랑스 디저트를 판매하며 뉴질랜드 현지인들에게 사랑받게 되었다. 신선한 식재료를 사용해 매일 아침 구워내는 케이크, 크로와상, 페스츄리 모두 프랑스풍이다. 웰링턴의 시민들 중에는 주말에 차를 타고 1시간 이상이 걸리는 이곳에 와서 빵을 사가는 사람들도 있다.

초크 초콜릿 테라피 숍
Schoc Chocolate Therapy Shop

P88

177 Main St. Greytown

월~금 10:00~17:00
주말 10:30~17:00

(06)304-8960

www.chocolatetherapy.com

이곳은 향긋한 수제 초콜릿으로 유명하다. 순수 초콜릿 이외에 사과, 레몬, 라임, 계피, 와인과 머스타드 맛 초콜릿까지 있다. 뉴질랜드 각지에서 판매될 뿐만 아니라 호주, 싱가포르 등으로도 수출되고 있다. 초콜릿 이외에 이 집에서 더욱 유명한 것은 '초콜릿 요법'이다. 초콜릿의 맛과 포장을 고르는 유형에 따라 그 사람의 심리까지 알 수 있다고 한다. 이 집의 쇼콜라티에가 쓴 '초콜릿 요법'이 출간된 후 이곳은 더욱 사람들의 사랑을 받게 되었다.

H 숙박

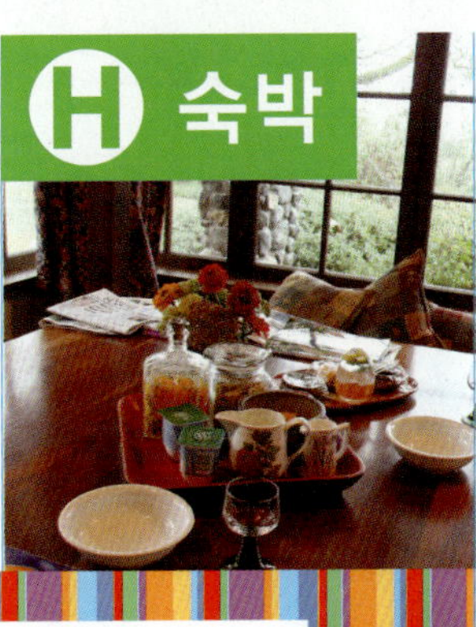

투키포 테라시즈 팜스테이
Tukipo Terraces Farmstay

P84A1

웰링턴에서 차를 타고 50번 국도를 타면 도착

2581 Highway 50, Takapau

2인 NZ$360, 1인 NZ$160, 숙박, 저녁과 아침식사 포함

(04)855-6827
(04)855-6808
bay@tukipoterraces.co.nz
www.tukipoterraces.co.nz
사전 예약 필수

외진 곳에 위치한 투키포 팜은 전통 뉴질랜드 농장 체험을 할 수 있는 민박이다.

석재와 목재로 구성된 주택, 정교한 실내 배치, 우아한 가구 등 곳곳에서 여주인 쇼나(Shona)의 예술적 감각을 느낄 수 있다. 객실은 단 두 개밖에 없지만 작은 화원, 넓은 공간과 운치 있는 설계가 호텔 못지않은 편안함을 전해준다.

이곳에 투숙을 하면 주인인 베이(Bay)를 따라서 농장에 가 볼 수 있다. 농장 안에는 1500마리의 사슴과 700마리의 양이 있다. 베이는 양치기 개를 데리고 농장 안에서 양을 모는 시범을 보여준다. 이런 체험은 여행에 즐거움을 더해 줄 것이다.

Napier YHA
P84B1

277 Marine Parade
(06)835-7039
NZ$23~NZ$54
www.stayyha.com

Stables Lodge Backpackers
P84B1

370 Hastings St.
(06)835-6242
NZ$19~NZ$48
www.stablesodge.co.nz

Criterion Art Deco Backpackers
P84B1

48 Emerson St.
(06)835-2059
NZ$20~NZ$70
www.criterionartdeco.co.nz

Sea Breeze Bed & Breakfast
P84B1

281 Marine Parade
(06)835-8067
NZ$75~NZ$105
seabreeze.napier@xtra.co.nz

Pinehaven Bed & Breakfast
P84B1

259 Marine Parade
(06)835-5575
NZ$80~NZ$100
www.pinehavenbnb.co.nz

Edgewater Motor lodge
P84B1

359 Marine Parade
(06)835-1148
NZ$95~NZ$170
www.edgewatermotel.co.nz

말보로
Marlborough
넬슨
Nelson
크라이스트처치
Christchurch
프란츠조셉
Franz Josef
마운트 쿡
Mt. Cook
밀포드 해협 Milford Sound
퀸스타운 Queenstown
더니든 Dunedin
남섬 약도

남섬

넬슨

Nelson

넬슨은 뉴질랜드의 10번째 대도시로 햇빛이 매우 강렬하고 연간 일조시간이 2500시간에 달하기 때문에 포도의 성장에 매우 적합한 환경이다. 뉴질랜드는 이곳에서 생산되는 화이트 와인으로 세계 주조업계에서 명성을 얻게 되었다. 포도를 수확하는 계절이 되면 많은 학생들이 이곳에서 아르바이트를 하며 학비를 벌곤 한다. 또 항만과 가깝기 때문에 신선한 해산물이 풍부하다. 여행자 서비스 센터에선 무료로 여행책자를 얻을 수 있어 좋은 레스토랑을 선택할 수 있다.

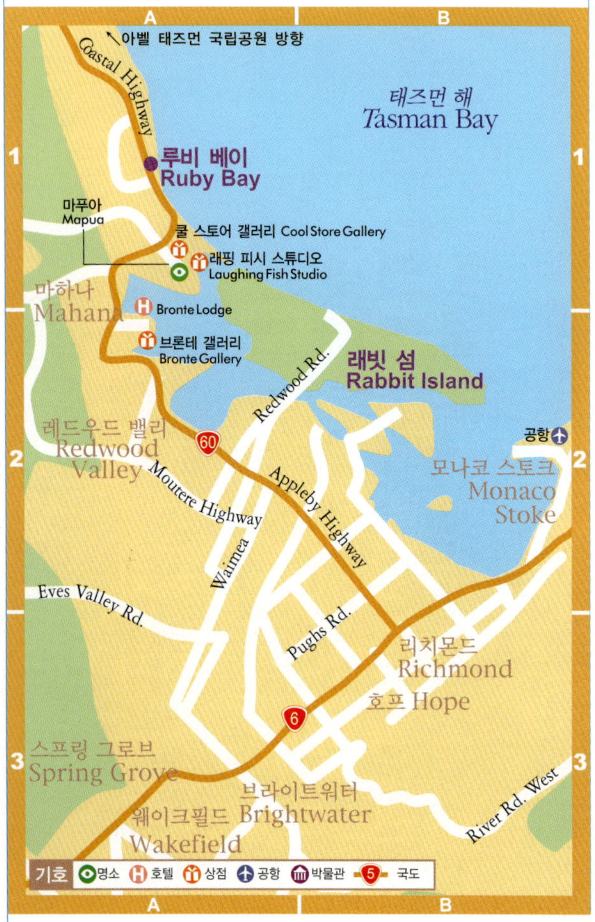

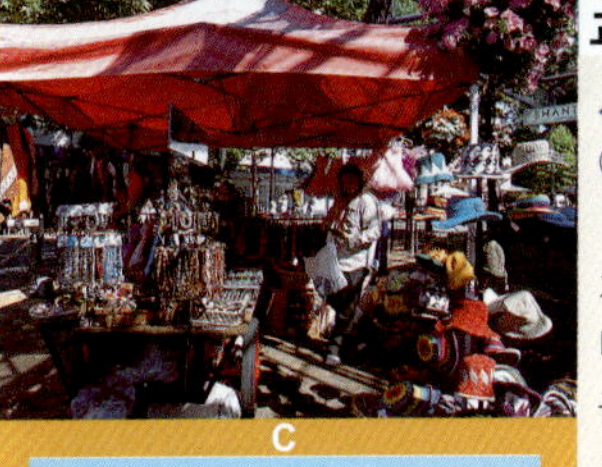

교통정보

시내 방면
◎항공편

오클랜드, 웰링턴, 크라이스트처치부터 넬슨까지 항공편이 있다. Super Shuttle이 공항버스를 운행하고 있다.

www.supershuttle.co.nz

◎버스

Inter City가 픽튼, 폭스(Fox) 빙하를 거쳐 프란츠 조셉(Franz Josef)에서 넬슨까지 버스를 운행한다.

시내 교통

도심을 중점적으로 주위 명소를 도보로 관광할 수 있고, i-SITE 앞에서 시내로 가는 버스를 탈 수 있으며, 아벨 태즈먼 국립공원까지 버스가 운행된다.

여행자 서비스 센터
넬슨 i-SITE 서비스 센터

Cnr. Trafalgar and Halifax Strs.

(03)548-2304

(03)546-7393

www.nelsonNZ.com

아벨 태즈먼 i-SITE 서비스 센터

Wallace Street

(03)528-6543

(03)528-6563

www.abeltasmangreen-rush.co.nz

의상예술관
World of Wearable Art & Colletable Cars Museum

🔺 P95C2
🌐 시내에서 차로 10분
🏠 95 Quarantine
Annesbrook, Nelson
💲 15세 이상 NZ$18,
5세~14세 NZ$7
🕙 10:00~17:00
休 12/25
☎ (03)547-4573
Ｆ (03)547-0856
🌐 www.worldofwear-
ableart.com

넬슨에서 가장 유명한 연중행사로 9월의 의상 예술 대회(World of Wearable Art Award : WOW)가 있다. 1987년에 시작된 이 행사는 원래 지방 갤러리의 마케팅 활동이었지만 예상외로 큰 반응을 불러일으켰다. 넬슨에서 개최되던 이 대회는 2004년부터 뉴질랜드의 수도인 웰링턴에서 개최될 만큼 규모가 커져 국제적인 행사로 거듭났다. 2001년에는 무대를 직접 보지 못한 관중들의 아쉬움을 해소하기 위해 의상예술관을 설립했다. 의상예술관에는 두 곳의 전시장과 기념품점, 레스토랑이 있다. 현재 관내에 전시된 수백 벌의 의상은 예술관측에서 참가자의 의상을 구매하여 전시한 것이다. 매년 3, 7, 11월에는 전관의 전시물이 교체되며, 관내에선 매년 WOW 대회의 실황을 상영해준다.

처치 힐
Church Hill

🔺 P95C3
🏠 Trafalgar St.

1842년에 지어진 이 교회는 당시 뉴질랜드의 초임 주교 셀윈(Selwyn)이 지은 것이다. 셀윈은 이 언덕을 처음 방문했을 때 교회를 짓기에 좋은 곳이라고 생각해 헌금을 모아 교회를 짓기 시작했다. 1851년, 영국 양식의 목조교회가 완공되었고, 그 뒤 여러 차례 수리를 거쳐 지금의 모습이 되었다.

긴 돌계단을 따라 올라가면 넬슨 항 옆의 시내가 보인다. 이 돌계단은 원래 나무로 만들어졌다. 주민들은 이 계단에 모여 대화를 나누곤 했다고 한다.

아벨 태즈먼 국립공원
Abel Tasman National Park

P94A1

www.abeltasmanNZ.com

이곳은 뉴질랜드에서 면적이 가장 작은 국립공원으로 황금색의 해변이 매우 유명하다. 100개에 달하는 여울과 쉽게 침식되는 대리석과 석회암 같은 바다 속의 기암괴석들이 매우 기이한 경관을 연출한다.

이 일대는 돌고래와 바다표범의 서식지인데 이곳에서 카누를 타다보면 헤엄치는 돌고래를 자주 발견할 수 있다. 이러한 이유로 이곳은 뉴질랜드에서 카누타기에 가장 좋은 여행지가 되었다. 또 이곳에서는 51km에 달하는 화강암 해안을 따라 하이킹을 즐길 수 있고, 수상 택시로 이 일대를 돌아볼 수도 있다.

마푸아
Mapua

P94A1

도심에서 남쪽으로 Rabbit Island와 바다를 사이에 두고 마주보는 곳

마푸아는 태즈먼 항구의 작은 마을로 맑고 아름다운 항만 풍경을 가지고 있어, 관광객들에게 사랑받는 레저 휴양소이다.

마푸아 부두 역시 인기 있는 명소로 요트와 카누를 즐기는 사람들로 분위기가 활기차다. 해안에는 신선한 재료로 만든 음식을 먹으며 편안히 쉴 수 있는 스모

크하우스 카페와 플렉스 레스토랑(Flax Restaurant)이 있다. 또 식당 근처에는 많은 예술 작업실이 있다. 대부분 현대적이고 특색 있는 디자인의 각종 생활용품과 장식 예술품을 제작한다.

쇼핑

사우스 스트리트 갤러리
South Street Gallery

P95C3

10 Nile Street West, Nelson

월~금 9:00~17:00
주말 10:00~16:00

(03)548-8117

www.nelsonpottery.co.nz

사우스 스트리트는 뉴질랜드에서 가장 오래된 거리 중의 하나로 건물 중 95%가 19세기 유럽 이민 초기의 모양을 지금까지 유지하고 있다.
사우스 스트리트 갤러리는 현지 도예작품의 홍보를 위해 70년대에 설립된 것이다. 넬슨 지역의 창작 분위기가 무르익어감에 따라 예술사업 종사자들이 늘어나고, 창작 방면도 다양화가 되어 현재 사우스 스트리트 갤러리에는 20여명의 창작가들의 작품이 있다. 각 작품마다 분위기가 다르며, 이곳의 모든 작품들은 예술가들의 수공 창작물이다.

젠스 한센 골드 & 실버 스미스
Jens Hansen Gold & Silversmith

P95C3

320 Trafalgar Square, Nelson

월~금 9:00~17:00
토 10:00~13:00

(03)548-0640

www.jenshansen.com

1968년부터 수공으로 금은 액세서리를 제조하는 젠스 한센은 이미 뉴질랜드에서는 어느 정도의 명성을 가지고 있는 곳이다. 『반지의 제왕』의 피터 잭슨 감독은 오직 젠스 한센만이 영화 속의 기묘한 힘을 가진 그 반지를 만들 수 있다고 생각했다. 전 세계에서 가장 유명한 반지가 바로 이곳에서 제작된 것이라고 할 수 있다.
영화의 흥행으로 이곳은 매우 명성이 높아졌지만 젠스 한센은 여전히 자신의 작은 가게에서 반지를 제작하고 있다. 이전과 달라진 것이 있다면 반지의 제왕 기념반지를 판매한다는 것이다.

래핑 피시 스튜디오
Laughing Fish Studio

- P94A1
- 24 Aranui Rd., Mapua, Nelson
- (03)540-3940

www.Laughingfishstudio.co.nz

마푸아 부두에 근접한 이 파란색의 작은 집은 웃고 있는 물고기 간판이 달려 있다. 작업실의 여주인 쇼나 맥클린(Shona Mclean)은 호주에서 활약하던 삽화가로 익살스러운 그녀의 그림은 신문 잡지와 광고에 자주 실렸다. 그녀가 만든 컵받침과 손으로 그린 카드 등에서 자주 보이는 도안은 뚱뚱한 몸에 발그레한 얼굴로 웃고 있는 여인이다. 활력이 충만한 이 작품들은 사람들로 하여금 미소를 머금게 만든다.

쿨 스토어 갤러리
Cool Store Gallery

- P94A1
- 7 Arani Rd., Mapua, Nelson
- (03)540-3778

www.thecoolstore-gallery.co.nz

쿨 스토어 갤러리는 수십 명의 예술 종사자의 작품을 수집해 놓았다. 점내 예술품은 보석, 그림, 조소, 도자기 등으로, 사용한 재료들도 상당히 다양한데 동, 은, 나무, 도자기, 조개 혹은 옷감 섬유 등 서로 다른 매개가 작품의 개성을 나타내고 있다. 갤러리는 부정기적으로 작품을 바꿔 전시하기 때문에 고객들은 갑자기 확 달라진 느낌을 받을 것이다. 이곳에 오면 넬슨 예술가들의 무한한 창의와 활력을 느낄 수 있다.

브론테 갤러리
Bronte Gallery

- P94A2
- Bronte Road East, RD1, Coastal Hwy 60, Upper Moutere, Nelson
- (03)540-2579

www.brontegallery.co.nz

이곳은 데릴 로버트슨(Darryl Robertson)과 잭카 로버트슨(Jacka Robertson) 부부의 예술품을 전시해 놓은 곳이다. 그들은 회화와 조각및 도예를 아울러 폭넓은 창작활동을 펼치고 있다. 대부분 간결하고 현대적이면서 강렬한 뉴질랜드의 정취를 녹여낸 작품들을 만들어 낸다.

H 숙박

더 롯지 앳 파라티호 팜스
The Lodge at Paratiho Farms

P94B2

넬슨 공항에서 차로 45분

545 Waihero Rd., RD 2
Upper Moutere, Nelson

5월~9월 NZ$1711.1,
10월~4월 NZ$2222.22
개인이 숙박할 경우 NZ$250
로 할인

(03)528-2100

(03)528-2101

www.paratiho.co.nz

약 8㎢의 농장에 자리 잡고 있
는 이 농장의 주위에는 녹지가
끝없이 펼쳐져 있다. 1997년, 미
국에서 이주해 온 헌트(Hunt) 부
부는 이곳에서 양과 사슴, 소를
키우며 농장 경영을 시작했다. 현
재는 깔끔한 숙박 환경과 서비스
로 넬슨 지역 최고의 숙박시설이
되었다.

이곳의 음식은 모두 넬슨 현지
의 식재료로 조리하여 손님들의
사랑을 받고 있다. 2005년부터는
매주 수, 토요일 오전에 메인 요
리, 디저트, 육류 야채 등 식재료
의 조리, 향료의 사용 등 각종 요
리 비법을 전수하고 있다. 이곳의
스파 역시 뉴질랜드에서 몇 안

브론테 롯지
Bronte Lodge

P94A2

넬슨 공항에서 차로 25분

Bronte Road East, off Coastal Highway 60, RD 1 Upper Moutere, Nelson

NZ$435~570

(03)540-2422

(03)540-2637

www.brontelodge.co.nz

이곳은 집과 같은 따스하고 안락한 공간이 사람들을 매료시킨다. 이곳에 들어서면 푸르른 풀밭과 몇 채의 작은 건물이 편안한 시골의 분위기를 느끼게 한다. 화원에는 각종 화초와 장미, 백합, 철쭉, 라벤더가 철따라 피어나 더욱 화사함을 느낄 수 있다.

예술을 사랑하는 여주인은 우아한 유럽풍 고가구와 목재의 마룻바닥을 절묘하게 조화시켜 내부를 빅토리아풍으로 인테리어 했다.

이곳에는 두 채의 빌라가 있고, 각 빌라에는 두 칸의 방이 있다. 미색계통을 기준으로 한 목재 건물 안에는 곳곳에 넬슨 현지 예술가의 작품이 장식되어 있어 깔끔하면서도 우아한 분위기를 느낄 수 있다. 베란다의 흔들의자에 앉아 눈앞에 펼쳐진 와이메아(Waimea) 하구의 풍경과 물새들을 볼 수 있다. 12월에서 2월에는 시베리아의 철새들이 이곳에서 겨울을 보내는데, 고객들이 철새를 감상할 수 있도록 방안에는 망원경이 준비되어 있다.

이곳에서 준비해주는 돛단배와 요트로 레포츠를 즐길 수 있으며 근처의 골프장 역시 쌓인 스트레스를 풀 수 있는 좋은 장소이다.

되는 완전한 수중 치료 설비를 갖추고 있어 주목을 받고 있다.

이곳에는 모두 6개의 객실이 있다. 커피색 석조 바닥과 동일한 색의 가구가 실내 공간을 우아하게 하며 침실과 미닫이문으로 분리되는 거실에는 벽난로와 카펫이 따스함을 더하고 있다. 실외의 수영장, 테니스장, 크로켓장, 퍼팅장, 헬스장 등 풍부한 레저 시설 역시 숙박하는 사람들에게 만족을 줄 것이다.

모나코 호텔 리조트
Monaco Hotel and Resort

🜂 P94B2
📍 넬슨 공항에서 차로 도착
🏠 8 Point Road, Monaco
💲 NZ$195~309
☎ (03)547-8233
🌐 www.monacoresort.co.nz

영국의 시골 분위기가 가득한 이 호텔은 붉은 벽돌의 작은 집이다. 두 개의 침실, 주방, 벽난로, 정원 등의 설비가 갖춰져 있고 건물들이 각각 독립되어 있어 가족여행에 적합하다.

호텔의 맞은편에는 같은 스타일의 영국식 건축물이 있는데 넬슨에서 유명한 어니스트 로이어 컨트리 펍(Honest Lawyer Country Pub)이다. 이 영국 술집에선 여러 가지 영국요리를 제공하며 계절에 따라 메뉴가 바뀐다. 뉴질랜드 현지와 영국에서 수입해 온 맥주가 10여종이나 되므로 골라 마시는 재미가 있을 것이다.

Nelson Central YHA
🜂 P95C3
🏠 59 Rutherford St.
☎ (03)545-9988
💲 NZ$26~NZ$74
🌐 www.stayyha.com

Paradiso
🜂 P95C3
🏠 42 Weka St.
☎ (03)546-6703
💲 NZ$23~NZ$56
🌐 paradisonelson@hotmail.com

Club Nelson Bakcpackers
🜂 P95C3
🏠 18 Mount St.
☎ (03)548-3466
💲 NZ$19~NZ$64
🌐 www.nelsonbackpacker.co.nz

Beach Hostel
🜂 P95C2
🏠 25 Muritai St., Tahunanui
☎ (03)548-6817
💲 NZ$22~NZ$54
🌐 nelsonbeachhostel.xtra.co.nz

Courtesy Court Motel
🜂 P95C2
🏠 30 Golf Rd., Tahunanui
☎ (03)548-5114
💲 NZ$74~NZ$94
🌐 www.courtesycourt.co.nz

Grove Villa
🜂 P95C3
🏠 36 Grove St.
☎ (03)548-8895
💲 NZ$75~NZ$145
🌐 www.grovevilla.co.nz

말보로

Marlborough

남섬 북단에 위치한 말보로는 빙하작용으로 인해 독특한 지리형태를 만들어냈다. 1,500km에 달하는 구불구불한 해안선, 많은 정박지, 해변과 육지는 원시적인 수림 환경을 보존하고 있어서 잠수, 낚시, 카누, 하이킹 등을 즐길 수 있는 좋은 장소이다.

1870년대 주민들이 와이라우 벨리(Wairau Valley)의 풍부한 일조, 평탄한 지형을 이용하여 술을 빚기 시작하였다. 1973년, 풍부한 과일향의 소비뇽 블랑(Sauvignon Blanc) 와인이 처음으로 시판된 후 현대 주조 사업에 열풍을 불러일으켰다. 말보로 최대의 도시 블레넘(Blenheim) 근처에는 와이너리가 많이 모여 있어, 견학을 통해 맛좋은 술을 시음해 볼 수 있다.

교통정보

가는 방법
◎비행기

블레넘 공항에서 크라이스트처치, 웰링턴으로 오는 항공편이 있고 픽튼 공항에서 웰링턴으로 오는 항공편이 있다. 웰링턴에서 픽튼으로는 배편도 있는데 소요시간은 3~4시간 정도이다.

www.interislander.co.nz

◎기차

Tranz Coastal 노선이 크라이스트처치 – 블레넘 – 픽튼을 운행하며, 하루에 한번 왕복 운행을 한다. www.tranzscenic.co.nz

◎버스

Inter City, Atomic Shuttles이 넬슨 – 픽튼, 크라이스트처치 – 픽튼을 매일 왕복 약 2회 운행한다.

www.intercitycoach.co.nz   www.atomictravel.co.nz

K Bus가 픽튼 – 아벨 태즈먼 국립 공원, 웰링턴 – 크라이스트처치 노선을 운행한다. www.kahurangi.co.nz

현지교통

해협 지역은 수로교통 위주로 많은 수상 택시가 있으며 주요 2대 출발지는 해브록(Havelock)과 픽튼이다.

◎**Cougar Line**

(0800)504-090   www.cougarlinecruises.co.nz

◎**Endeavour Express**

(03)573-5456   www.boatrides.co.nz

◎**Arrow Water Taxis**

(03)573-8229   www.arrowwatertaxis.co.nz

◎**Pelorus Water Transport**

(03)577-6103   www.peloruswt.co.nz

◎**West Bay Water Transport**

(03)573-5597   www.westbay.co.nz

여행자 서비스 센터
◎**블레넘 i-SITE 서비스 센터**

Blenheim Railway Station SH 1, Blenheim

(03)577-8080

(03)577-8079

blenheim@i-site.org

www.destinationmarlborough.com

◎**픽튼 i-SITE 서비스 센터**

Foreshore Picton

(03)520-3113

(03)573-5021

picton@i-site.org

www.destinationmarlborough.com

◉ 명소

해브록
Havelock

P103A1

말보로 북쪽, 해협에 인접한 지역

해브록은 펠로러스 해협(Pelorus Sound)과 케네푸루 해협(Kenepuru Sound)으로 나아가는 출입구이다. 1770년대 쿡 선장이 이 지역에 도달했고 그 후 1세기 동안 이 지역은 농부, 어민, 고래잡이와 금을 캐는 사람들로 시끌벅적한 곳이었지만 현재는 유유하고 한적한 분위기의 작은 어촌이 되었다.

부두의 위쪽은 해브록의 번화가로 몇 채의 식민지 풍 건물이 있고, 정교한 수공예품과 예술 작품을 판매한다. 이곳의 식당에는 각종 조개로 만든 귀여운 만화 도안을 간판으로 하는 곳도 있어 구경하는 재미도 있다.

그린쉘 머슬 크루즈
Greenshell Mussel Cruise

P103A1

성인 NZ$95,
5세~15세 어린이 NZ$10

11월~3월 13:30

(03)577-9997

@ info@marlboroughtravel.
co.nz

www.marlboroughtravel.
co.nz

매년 여름 해브록 6번 부두에서 출발하는 그린쉘 머슬 크루즈는 멋과 맛이 하나로 결합된 유람선이다. 출항 후 선장이 말보로 해안 지역의 생태, 지형과 개발에 관한 이야기를 들려준다. 배가 펠로러스 해협과 케네푸루 해협에 들어서면 해안 지형의 험준한 경관을 감상할 수 있다.

이 크루즈 여행의 클라이맥스는 조개 양식장 참관이다. 출항한 직후 이미 조개를 한 솥 가득 화로에 부어두었기 때문에 배가 정박한 후에는 곧바로 막 익은 조개와 말보로 산 최고의 와인을 즐길 수 있다.

퀸 샤를롯 해협
Queen Charlotte Sound

🛬 P103B1

🏠 말보로 북단의 해협 지역, 픽튼의 출입구

말보로 해협 지역은 여러 개의 크고 작은 해협을 포함한다. 그중 픽튼에 인접한 퀸 샤를롯 해협은 교통이 편리해서 많은 범선이 이곳을 순회한다. 여행객들은 선상에서 해협의 지형을 감상할 수 있다.

그 밖에 퀸 샤를롯 해협 트랙은 인기 있는 하이킹 코스로 도로 상태가 좋아서 편안히 걸을 수도 있다. 빽빽한 수림을 통과하면 탁 트인 너른 땅과 해안선의 경치를 볼 수 있고 짙은 파란색의 바다도 눈앞에 펼쳐진다. 풍부한 식물과 조류의 생태를 보존하고 있어 각광받는 하이킹 코스가 되었다.

돌고래 감상 에코투어
Dolphin Watch Ecotours

🛬 P103B1

🏠 Forehore, Picton

💲 9:00 코스-성인 NZ$80, 3세~14세 어린이 NZ$50
13:30 코스-성인 NZ$85, 3세~14세 어린이 NZ$60

🕐 10월~4월 9:00, 13:30

📞 (03)573-8040

픽튼에서 배를 타고 퀸 샤를롯 해협에 오면 돌고래가 수면에 나타나는 모습이 보인다. 운이 좋으면 모피 바다표범이 해안가에서 서식하는 모습도 볼 수 있다.

이 투어에서는 모투아라 (Motuara) 섬에서 1시간 동안 즐기는 하이킹 코스가 있다. 이 섬에는 육식 동물이 없기 때문에 안전한 환경 속에 조류들의 생존율이 높아져 조류 보호 구역으로 지정되었다. 산꼭대기 전망대에서는 쿡 해협과 부근 해역 및 작은 섬들이 한 눈에 들어온다.

앨런 스콧 와인즈
Allan Scott Wines

- P103A2
- Jacksons Road, RD 3, Blenheim, Malborough
- 9:00~17:00
- 1/1, 수난일, 4/25, 12/25, 12/26
- (03)572-9054
- (03)572-9053
- info@allanscott.com
- www.allanscott.com

앨런 스콧은 1970년대부터 포도 재배와 주조를 시작하여 1990년에 자신의 이름을 건 와이너리를 설립하였다. 비기업화 경영을 목표로 하는 이 와이너리는 현대화 주조 설비를 들여와 품질을 높여 말보로 지역의 와이너리 중 단연 두각을 나타냈다.

목재로 만든 레스토랑은 개방형의 넓은 공간으로 채광이 좋으며 옥상의 녹색 넝쿨은 전원 분위기를 연출해낸다. 이러한 아름다운 환경 속에서 신선한 재료로 만든 음식을 먹으며 맛좋은 술을 마시는 것은 잊지 못할 여행의 추억이 될 것이다.

클라우디 베이
Cloudy Bay

- P103A2
- P.O.Box 376, Blenheim, Malborough
- 10:00~17:00
- 수난일, 12/25
- (03)520-9140
- (03)520-9040
- info@cloudybay.co.nz
- www.cloudybay.co.nz

1985년에 설립된 클라우디 베이는 말보로 지역에서 가장 조기에 실립된 5대 와이너리 중 하나이다. 배수가 좋은 환경과 충족한 일조 속에서 주조된 소비농 블랑은 생강

과 바질, 레몬 그라스가 혼합된 풍부한 맛으로 세계 와인 시장에서 열렬한 호응을 얻게 되었다. 자그마한 주조장이 혜성처럼 등장하여 빛을 받히게 될 것이나 클라우디 베이는 소비농 블랑 외에도 샤르도네, 피노 느와르, 게브르츠트라미너와 리슬링을 주조하며 모든 술이 정갈하고 독특한 풍미로 유명하다. 현재는 LVHM 기업 산하로 들어가 있다.

에르족 와이너리
Herzog Winery

P103A2
81 Jeffries Road, RD 3, Blenheim, Malborough
저녁식사 개인 NZ$199부터
(03)572-8770
(03)572-8730
www.herzog.co.nz

에르족 와이너리는 수백 년의 유럽 와이너리의 배경을 답습해 온 곳으로 말보로 지역에서 유명한 곳이다.

이곳의 주인인 에르족 부부는 에르족 가문이 라인 강 지역에서 시작한 주조 방식을 지금까지 계승하고 있다. 주인인 한스는 스위스에서 와인 대학을 졸업해 주조 방면에 지식과 훈련이 풍부한 숙련된 장인이다.

고향이 스위스인 에르족 부부는 우연히 뉴질랜드를 방문했다가 말보로의 평탄한 지형과 풍부한 햇빛에 감탄해 이민을 왔다고 한다. 이곳에서 경작하고 주조한 최상급 와인인 부르기뇽 풍의 피노 느와르(Pinot Noir)와 보르도 풍의 멜롯 카베르네 소비뇽(Merlot Cabernet Sauvignon) 등이 에르족 와이너리의 명성을 널리 퍼지게 하였다.

또 에르족 와이너리는 미슐렝지의 인정을 받은 이름난 요리사가 있는 레스토랑으로 유명하다. 우아한 이 레스토랑에서 고급스러운 음식에 맛있는 와인을 곁들인 저녁식사를 해보자. 잊지 못할 추억으로 남을 것이다.

H 숙박

포티지 리조트 호텔 The Portage Resort Hotel

P103B1
픽튼에서 배로 10분
Kenepuru Sound,
Marlborough, RD 2,
Picton
(03)573-4309
enquiries@portage.co.nz
www.portage.co.nz

포티지 리조트 호텔의 앞에는 포티지 베이(Portage Bay)와 케네푸루 해협(Kenepuru Sound)이 있고, 뒤로는 빽빽한 숲으로 뒤덮인 녹색의 산마루가 있어 다양한 경치를 바라볼 수 있다.

현대적인 설계로 독특한 외관을 자랑하는 포티지 리조트 호텔은 이미 100년의 역사를 가지고 있다.

100년 전 마오리 인은 어류가 풍부한 케네푸루 해협에서 포티지 만으로 오기 위해 도리아(Torea) 산마루를 넘었다. 이후 유럽의 이민자들이 이곳에 정착하게 되고 동일한 방법으로 물자 보급을 받았다. 1870년, 포티지 리조트 호텔이 설립되었고 이곳에 오는 여행자들에게 숙박을 제공하기 시작했다.

포티지 리조트 호텔은 모던 스타일의 품격을 표방하며 회색을 기초로 재정비를 하였다. 간결한 선과 노랑, 빨강, 녹색 등의 색채로 장식하여 풍부한 시각 변화를 나타낸다.

포티지는 35개의 객실이 있으며, 객실에는 모두 베란다가 있어 바다의 풍경을 볼 수 있다. 호텔 뒤에는 퀸 샤를롯 트랙이 있어 하이킹을 즐길 수 있고 하이킹 배낭족들을 위한 단체 객실도 있다. 이곳 역시 산악자전거, 카누 등을 즐길 수 있는 좋은 장소이다.

P103B1

픽튼에서 배로 도착

Queen Charlotte Sound, Private Bag, Picton

객실에 따라 다름
NZ$90~NZ$880까지

(0800)579-9771
(03)579-9771

enquiries@bayofmany-covesresort.co.nz

www.bayofmanycovesre-sort.co.nz

2003년에 설립한 베이 오브 매니 코브스 리조트는 퀸 샤를롯 해협의 중심지역에 위치해 있다. 원목색의 리조트 건물은 푸른 바다와 마주보고 있어 자연을 바라보며 편안히 휴식을 취할 수 있다.

하선 후 갑판을 따라 먼저 도달하게 되는 곳은 목재로 지은 간결하고 밝은 느낌의 식당이다. 식당의 노천 의자에 앉아 따뜻한 햇볕 아래 말보로 현지의 신선하고 맛있는 음식을 먹으며 멋진 경치를 감상하는 것도 좋을 것이다. 웰링턴의 부호들은 이곳의 음식과 경치에 반해 헬리콥터를 타고 이곳에 와 식사를 하기도 한다.

식당의 뒤편은 모두 숙박을 하는 곳인데 모든 건물에서 넓은 바다를 바라볼 수 있다. 마룻바닥은 목재를 사용해 발밑의 감촉 또한 편안하고 따뜻하다. 개인마다 요구하는 것이 다르기 때문에 그에 부합하기 위해 각 방마다 침실을 다르게 설계했고, 가족이

Atlantis Backpackers

- P103A1
- Cnr. London Quay & Auckland St.
- (03)573-7390
- NZ$17~NZ$48
- www.atlantishostel.co.nz

The Villa

- P103A1
- 34 Auckland St.
- (03)573-6598
- NZ$24~NZ$66
- www.thevilla.co.nz

Wedgewood House YHA

- P103A2
- 10 Dublin St.
- (03)573-7797
- NZ$23~NZ$56
- www.stayyha.com

Honi-B

- P103A2
- Cnr. Hutcheson & Packer Sts.
- (03)577-8441
- NZ$20~NZ$44
- honi-bibackpackers@ xtra.co.nz

Brings Motel

- P103A2
- 29 Maxwell Rd.
- (03)578-6199
- NZ$74~NZ$89
- email@bringmotel.co.nz

Chateau Marlborough

- P103A2
- Cnr. High & Henry Sts.
- (03)578-0064
- NZ$125~NZ$165
- www.marlboroughnz.co.nz

같이 여행을 와도 자유롭게 묵을 수 있다.

이곳은 사치스러움이 아닌 대자연과 어우러지는 쾌적한 공간과 편안한 휴식을 제공하는 것을 모토로 한다.

이곳에서는 사계절 모두 이용할 수 있는 노천 수영장이 있고, 스파 서비스를 받거나 카누를 탈 수도 있다. 또 1~5시간 정도 소요되는 하이킹 코스도 있다.

크라이스트처치

Christchurch

크라이스트처치는 뉴질랜드의 제3의 대도시이자 남섬 최대의 도시이다. 캔터버리(Canterbury) 평원에 위치해 있고, 서던 알프스(Southern Alps) 산과 가까우며 태평양과 연결되어 있다.

매년 평균 2000시간 이상의 일조량과 따뜻한 저습도 날씨로 식물이 자라기에 적합하며 특히 10월에서 3월의 봄, 여름에는 만개한 꽃이 카펫처럼 펼쳐진다. 시내에 위치한 넓은 식물원과 작은 화원들로 크라이스트처치는 「정원의 도시」라는 별명이 붙었다.

남섬 최대의 도시이긴 하지만 크라이스트처치 도심의 거리에는 여전히 19세기의 회색 건축물이 현존하며 오래된 전차가 천천히 순환하고 있다. 또 에이번 강 위에는 둥근 모자를 쓴 사공이 노를 젓고 있으며 나룻배는 승객을 싣고 강 위를 우아하게 떠가고 있어 마치 19세기 초기의 영국에 온 것 같은 착각에 빠지게 한다.

시내 방면
◎항공편
 퀸스타운, 로터루아, 넬슨, 웰링턴, 더니든, 오클랜드, 네이피어에서 항공편이 있으며 공항에서 시내까지 City Flyer와 10 Harewood–Cashmere 두 회사의 버스가 운행되며 7:30부터 23:00까지 약 30~60분 간격으로 출발하고 소요시간은 30~40분 정도이다.
www.redbus.co.nz

◎버스
 Inter City와 New mans의 버스가 픽튼, 퀸스타운, 더니든 등지에서 크라이스트처치로 운행된다. 버스 종점은 우스터 가(Worcester) 123호에 있다.
www.newmanscoach.co.nz   www.intercitycoach.co.nz

◎기차
Tranz Coastal : 픽튼에서 크라이스트처치까지 매일 왕복 1회, 소요시간은 약 5시간 30분
Tranz Alpine : 그레이마우스(Greymouth)에서 크라이스트처치까지 매일 왕복 1회, 소요시간은 약 4시간 30분이다.
www.tranzscenic.co.nz

시내교통
 도심을 중심으로 도보로 관광을 할 수 있다. 버스 터미널이 콜롬보 가(Colombo Street)에 있지만, 대부분의 노선이 캐디드럴 스퀘어(Cathedral Square)를 지나가며, 노선표와 표 가격은 인터넷으로 알아볼 수 있다. www.metroinfo.co.nz

크라이스트처치 i-SITE 여행자 서비스 센터
Old Chief Post Office, Cathedral Square   (03)379-9629
(03)377-2424   info@christchurchinformation.co.nz
www.christchurchnz.co.nz

크라이스트처치 대성당
Christchurch Cathedral

P113B2

여름–월~금 8:30~19:00
토 9:00~17:00
겨울– 월~일 9:00~17:00
30분 교회 관람–
월~금 11:00, 14:00
토 11:00, 11:30
www.christchurchcathe-dral.co.nz

성당 내에서의 사진 촬영–
NZ$2.5,
성당 참관 30분–NZ$3,
촛불 점화–NZ$1 or NZ$2,
전망대–NZ$4,
19세기 의자–NZ$345

이 성당은 1864년 공정을 시작하여 40년 후인 1904년에 완성되었다. 이곳에 들어가기 전에는 먼저 자신이 돈을 얼마나 가지고 있는지 파악해야 한다. 전망대 관람이나 사진 촬영 등 성당 내에서의 모든 활동에 헌금 명목으로 비용을 지불해야 하기 때문이다.

이곳에서 유일하게 무료인 것은 성당의 실내를 감상하는 것이다.

성당 내에서 가장 주목할 것은 제단 왼쪽에 걸려있는 투쿠투쿠 (Tukutuku : 나무패널)이다. 이것은 롤스톤 감옥의 죄수들로부터 시작된 것으로 많은 사람들의 손을 거쳐 만들어진 단체 창작물이다. 재질은 뉴질랜드 특산 아마에 깃털과 목재 등을 덮었다. 가장 바깥쪽의 도안은 끊임없이 흐르는 눈물이며 가운데는 천국으로 오르는 계단이다.

대성당 광장
Cathedral Square

P113B2

1850년, 설계사 조지 길버트 스캇(George Gillbert Scott)이 설계한 대성당 광장은 크라이스트처치의 중심이다. 광장에서 가장 눈에 띄는 것이 바로 크라이스트처치 대성당인 것이다.

건축가 벤지민 마운트포드(Benjamin Mountfort)는 영국에서 크라이스트처치로 이민을 왔다. 이곳에 정착하여 도시를 세운 후 이 대성당을 건축하였는데 1864년에 시공에 들어가 40년에 걸쳐 완공되었다. 영국의 빅토리아 고딕 양식과 뉴질랜드적인 요소를 융합하였고 현지의 목재와 석재를 사용하였다. 또, 마오리를 상징하는 장식도 있다.

크라이스트처치 대성당과 마주한 곳이 여행자 서비스 센터이고 뒤쪽은 스타벅스, 그 뒤는 르네상스 양식의 우체국이다. 정면으로는 캔터버리(Canterbury)의 창건자 존 로버트 고들리(John Robort Godley)의 조각상이 있으며 광장의 위쪽 왼편으로는 커다란 체스 판, 오른편으로는 화단이 있다. 화단 앞 지면의 동판 부조는 조상들의 개척역사를 묘사한 것이다. 한 쪽에는 타임캡슐이 개봉될 날을 기다리며 묻혀 있다.

아트센터
The Art Centre

 P113A2

 대성당에서 도보 8분

 2 Worcester Boulevard

 9:30~17:00,
 주말 수공예품 시장
 10:00~16:00

 (03)366-0989

 info@artscentre.org.nz

 www.artscentre.org.nz

아트센터는 뉴질랜드에서 가장 중요한 역사 인문 건축물 중 하나이다. 캔터버리 대학의 교사였던 이 건물은 1873년에 건설되었다. 고딕 르네상스 양식으로 지었으며 현재는 예술, 쇼핑, 오락 등의 집결지로 40곳이 넘는 갤러리와 작업실, 테마 상점과 여러 아트홀, 영화관, 식당, 커피숍 등이 있다. 주말이 되면 수십 개의 노점이 모이는 수공예품 시장이 열리고 각종 길거리 공연 등이 축제와 같은 느낌을 준다.

옛 화학대학의 건물은 현재 예술 창작의 공간으로 여러 예술가

전차
Tramway

 P113B2

 7 Tramway Lane

 1. 2일 통행표 :
 성인 NZ$12.5,
 5세~15세 어린이 NZ$2.5
 2. 전차+곤돌라 :
 성인 NZ$27.5 3.
 3. 전차+나룻배 :
 성인 NZ$19,
 16세 이하의 어린이 NZ$8
 4. 저녁 식사 : NZ$54~115

 4월~10월 9:00~18:00
 11월~3월 9:00~21:00
 대성당 광장(Cathedral Square)에서 출발하는 마지막 차는 막차 30분 전,
 저녁 식당차는 19:30에 출발

 (03)366-7830,
 식당차 예약 (03)366-7511

 www.tram.co.nz

 식당차는 사전 예약 필수

19세기 크라이스트처치의 주요 동력은 마차와 증기였다. 1905년이 되어서야 전기로 움직이는 전차가 들어와 시내 교통수단의 일부분이 되었지만 교통수단의 발전이 나아지지 않아 1945년에 운행을 중지했다. 하지만 전차 역사 학회의 노력과 시의회의 평가 후 40여 년이 지난 1995년 2월, 전차는 다시 크라이스트처치를 달리게 되었다.

들의 작업실이 이곳에 있다. 유화, 소묘, 편직, 목조, 파스텔화 도예 등 다양한 스타일의 작품을 감상할 수 있다. 또 이곳에는 예술품 전문점도 모여 있는데 조각, 보석, 장신구, 양초, 피혁, 도자기, 의류, 완구 등 일반 시중에서 볼 수 있는 것들과는 다른 예술가의 사상이 담긴 제품을 판매하고 있다. 그중에서 가장 사람들의 흥미를 끄는 것은 퍼지 커티지 투어 (Fudge Cottage Tours)이다. 매주 월요일에서 금요일 오후 2시에 퍼지 상점에 신청을 하면 옛 천문대 건물 지하1층에서 열리는 퍼지 제작 과정에 참여할 수 있다. 자신의 손으로 직접 따끈따끈한 퍼지를 만들고 맛보는 것도 좋은 추억이 될 것이다.

아트센터에는 마오리 문화를 주축으로 한 전시장과 전위 예술을 감상할 수 있는 전시장 등 각각 다른 테마를 가지는 다양한 분위기의 예술 전시 공간이 있다.

전차는 도심에서 약 2.5km의 순환 노선을 순환한다. 정류장은 9곳으로, 대성당 광장(Cathedral Square), 우스터 브리지 (Worcester Bridge), 아트센터 (Arts centre), 시계탑(Clock Tower), 해글리 역(Hagley Stop), 크랜머 광장(Clanmer Square), 도박장, 빅토리아 광장 (Victoria Square)과 뉴 리전트 거리(New Regent Street)이다.

전차의 차체는 1879년에서 1925년 사이에 제조되었다. 나무와 금속의 부드러운 광택에는 세월의 흔적이 묻어 있다. 현재 빨강색, 녹색 등 5대의 전차가 있고 각 전차에는 두 칸의 객차

가 있다. 매일 저녁 7시 30분 파란색의 식당차(Tramway Restaurant)가 출발하는데 36개의 좌석이 갖춰진 복고적인 느낌이 가득한 객차에서 즐기는 저녁 식사는 매우 특별할 것이다.

에이번 강
Avon River

◉P113A2
◎Punting on the Avon
🏠Old Chief Office,
  Cathedral Square

💲20분 NZ$12, 30분 NZ$18
◎Punting in the Park
🏠Antigua Boatsheds 2,
  Cambridge Tce
🕐10월~4월 9:00~18:00
  5월~9월 10:00~16:00

보타닉 가든
Botanic Garden

◉P113A2
🧭대성당에서 도보10분
🏠Rolleston Avenue
🕐1. 식물원-7:00~해지기 1시
  간 전
  2. 여행자 서비스 센터-
  월~금 9:00~16:00
  주말 10:00~16:00
  3. 식당 10:00~심야
@ChristchurchBotanicGar
dens@ccc.govt.nz
💻식물원
www.ccc.govt.nz/parks
식당
www.curatorsouse.com
❗가이드 동행은 부정기적이므
  로 여행자 서비스 센터에 문
  의 바람

크라이스트처치가 「정원의 도
시」라 불리는 이유는 보타닉 가
든과 매우 밀접한 관련이 있다.
1863년에 건립된 식물원은 면적
이 0.3㎢로 축구장 4개의 크기와
같으며 원내에 재배된 만여 종의
화초들은 하루를 꼬박 투자해야
모두 볼 수 있다.

카셀 거리(Cashel Street) 입구
와 마주보는 보타닉 가든의 식당
은 크라이스트처치에서 가장 유
명한 곳 중 하나이다. 녹색으로
무성하게 둘러싸여 있는 야외 테
이블이 가장 인기가 있다.

休 12/25
$ 30분 NZ$16.5
☎ (03)366-0337
www.punting.co.nz

푸른 풀로 뒤덮인 강둑과 바람에 가볍게 흔들리는 늘어진 버드나무가 크라이스트처치를 흐르는 에이번 강에 아름답고 느긋한 분위기를 더해준다. 에이번 강 역시 크라이스트처치에 19세기 영국의 정취를 풍기게 하는 명소이다. 옥스퍼드와 케임브리지에서 온 영국식 나룻배(Punt)에 작은 원형 모자를 쓴 사공이 노를 저으며 천천히 앞으로 나아간다. 여행객들은 이 나룻배를 타고 에이번 강에서 크라이스트처치를 감상할 수 있다. 크라이스트처치에 온다면 꼭 이 나룻배를 타보자.

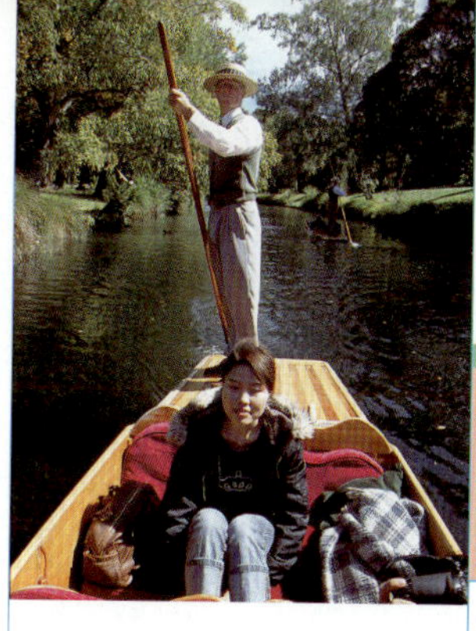

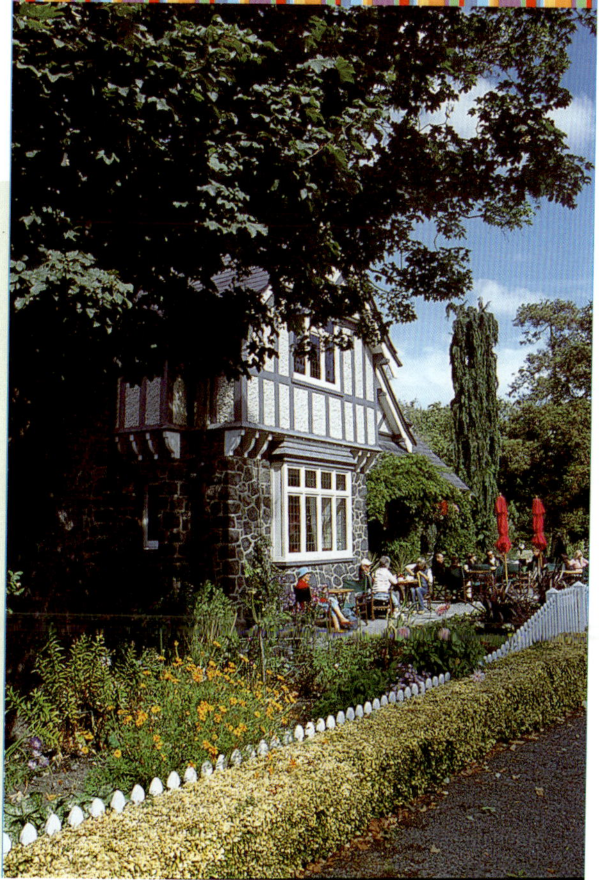

🎁 쇼핑

시티 몰
City Mall

 P113B2

🏠 Cashel St.

크라이스트처치의 젊은 사람들에게 쇼핑을 하고 놀기 좋은 곳을 물어보면 대부분 시티 몰이라

고 대답한다. 카셀 거리(Cashel Street)에 위치한 시티 몰은 크라이스트처치의 유행 중심지이다. 시티 몰은 도보 구역의 거리로, 의류 브랜드부터 각종 상품을 모아 놓은 백화점과 개성이 강한 액세서리와 수공 잡화 상점, 레코드 숍, 서점 등 다양한 상점들이 있다. 최신 유행을 알고 싶다면 이곳을 둘러보자.

캔터버리 박물관
Canterbury Museum

- P113A2
- 대성당에서 도보10분
- Rolleston Ave
- 10월~3월 9:00~17:30
  4월~9월 9:00~17:00
- 休 12/25
- (03)366-5000
- www.canterburymuse-
  um.com
- 화, 목 15:30~16:30에 무료
  가이드 수행

　식물원 입구 옆에 위치한 캔터버리 박물관은 남섬 최대 규모의 박물관으로 200만 점이 넘는 전시품을 소장하고 있다. 관내는 마오리 인의 조기 생활 모습과 황무지 개간 시대의 모습을 재현한 전시실, 남극 첫 탐험가들이 사용했던 도구를 볼 수 있는 남극 전시 구역 등 몇 개의 전시 구역으로 나뉘어져 있다. 뉴질랜드 특유 동물 생태 전시실에는 공조(Moa)의 뼈대가 있어 사람들의 이목을 집중시킨다.

뉴 리전트 거리
New Regent Street

- P113B1
- New Regent St.

　대성당 광장 근처에 위치한 뉴 리전트 거리는 4개의 거리로 둘러싸인 곳으로 크라이스트처치에서 가장 분위기 있는 쇼핑 거리이디.

　이곳은 1929년에 현지 건축사 해리 프랜시스 윌리스(Harry Francis Willis)가 설계하였다. 원래는 테마 상점가를 조성하기 위한 목적으로 지어졌다. 1932년, 거리의 양 옆에 스페인 풍의 강렬한 내부 장식과 선명하고 눈에 띄는 외관의 2층짜리 건물 40채가 완공되었나 하시만 내곡화의 심각한 여파로 겨우 3곳의 상점만이 문을 열게 되었다. 그 당시에는 실패한 것처럼 보였지만 현재는 커피숍, 골동품 상점, 시가 판매점 등 각각 독특한 인테리어와 상품들로 무장한 상점들이 들어와 지나가는 여행객들의 발걸음을 붙잡고 있다.

 **식당**

크라이스트처치에는 몇 군데의 인도 식당이 있다. 각 식당은 모두 유명해서 항상 손님들로 가득 차 있지만, 이 집이 가장 싸고 맛있다고 한다.

라즈 마할
The Raj Mahal

P113B1
221 Manchester St.
점심 11:00부터
저녁 16:30부터
전채 요리 : NZ$5~NZ$7.5
인도빵 난(Naan) :
NZ$2~NZ$2.5
메인 디시(커리닭고기,
생선, 해산물, 양고기,
쇠고기) : NZ$13.5~NZ$25

H **숙박**

Around-the-World Backpackers

- P113B1
- 314 Barbadoes St.
- (03)365-4363
- NZ$20~NZ$50
- www.aroundtheworld.co.nz

YMCA Christchurch

- P113A2
- 12 Hereford St.
- (03)365-0502
- NZ$22~NZ$90
- www.ymcachch.org.nz

Christchurch City Central YHA

- P113B1
- 273 Manchester St.
- (03)379-9535
- NZ$27~NZ$68
- www.stayha.com

New Excelsior Backpackers

- P113B2
- Cnr. Manchester & High Sts.
- (03)366-7570
- NZ$26~NZ$60
- www.newexcelsior.co.nz

Rolleston House YHA

- P113A2
- 5 Worcester Blvd.
- (03)366-6564
- NZ$27~NZ$66
- www.stayha.com

Turret House

- P113A1
- 435 Durham St.
- (03)365-3900
- NZ$85~NZ$140
- www.turrethouse.co.nz

호텔 오프 더 스퀘어 Hotel Off the Square

- P113B2
- 115 Worcester
- NZ$135~394
- (03)374-9980
- (03)374-9987
- enquiries@offthesquare.com
- www.offthesquare.com

이 호텔의 이름은 그 지리적 특성과 설계의 특징을 잘 나타내고 있다.

전체 객실이 38개뿐인 이 작은 호텔은 곳곳에서 설계사이자 주인인 티모시 니콜스(Timothy Nocholls)의 대담한 창의력을 엿볼 수 있다. 불규칙한 형태의 실내 공간은 안으로 들어오는 빛을 다양하게 굴절시켜 확연히 색다른 효과를 더해주기 때문에 일부러 무료한 느낌을 주는 네모난 격식을 피해 설계했다고 한다.

이 호텔의 또 다른 특징은 색채의 조화이다. 파랑, 빨강, 녹색 등 각종 색을 모두 진하게 가득 채우면서도 서로 충돌하지 않도록 했으며 대담한 색채를 사용해 현대 전위예술의 느낌을 준다.

객실의 내부 외에도 공동 공간의 설계도 강조했다. 손님은 주방에서 커피를 끓여 마시거나 컴퓨터실에서 인터넷을 사용하며 음악을 들을 수 있다. 또 편안한 의자나 소파에 앉아 자유롭게 구비된 책을 읽을 수 있는 휴게실은 집처럼 안락한 느낌을 준다.

예술을 사랑하는 주인은 호텔을 더욱 예술적인 느낌이 나도록 벽면에 작품을 전시해 두었고 부정기적으로 작품을 바꾼다.

크라이스트처치 인근
Around Christchurch

　　서쪽의 서던 알프스(Southern Alps) 산과 동쪽의 태평양 사이에 있는 캔터버리(Canterbury) 지역은 뉴질랜드에서 가장 넓은 평원이 있는 곳이다. 열기구나 케이블카를 타고 하늘 높이 올라가 보자. 들쑥날쑥한 산과 드문드문 보이는 목장, 평원의 다양한 지세가 연출하는 아름다운 풍경에 탄성이 절로 나올 것이다.

　공항 근처의 국제 남극 센터에서는 가상의 빙하 체험을 할 수 있다. 또 전 세계 유일의 『나니아 연대기』투어를 통해 영화 촬영의 뒷이야기를 알 수 있다. 캔터버리의 동쪽은 아름다운 태평양이 펼쳐진다. 크라이스트처치 북쪽의 카이코우라(Kaikoura)에서 배를 타고 바다로 나가면 향유고래를 구경할 수 있다.

교통정보

가는 방법

◎곤돌라

　1. 콜롬보 거리에서 Lyttelton행 28번 버스를 타거나 버스 종점에서 Heathcote행 35번 버스승차, 배차간격 15분, 2시간 내 왕복표-NZ$2.5

　2. 대성당 광장(Cathedral Square)에서 Best Attractions Express Shuttle 탑승, 배차간격 약 1시간 30분, 왕복표-NZ5, 어린이-NZ3

◎국제 남극 센터

　도심의 버스 종점에서 공항 행 Airport Flyer나 10 Harewood/Cashmere 버스 승차, 운행시간 7:30~23:00, 배차간격 약 30~60분, 소요시간 약 30~40분 정도

◎카이코우라

　Inter City가 크라이스트처치 – 카이코우라 – 픽튼 노선 운행, 매일 왕복 2회, 카이코우라 – 크라이스트처치 여정은 약 2시간 30분 정도 소요 ☺www.intercitycoach.co.nz

　기차 Tranz Coastal 노선이 크라이스트처치 – 카이코우라 – 픽튼 노선 운행, 매일 왕복 1회 ☺www.tranzscenic.co.nz

카이코우라 i-SITE 여행자 서비스 센터

🏠Westend Kaikoura　☎(03)319-5641　📠(03)319-6819
@info@kaikoura.co.nz　☺www.kaikoura.co.nz

명소

사자, 마녀 그리고 옷장 투어
The Lion, The Witch and The Wardrobe tour

 P125B2
 43 Kaiwara St., Hoon Hay, Christchurch
 어른-NZ$280, 어린이-NZ$200
 (03)379-1684
 (03)379-6376
 info@lionwitchwardrobe-tours.co.nz
 www.lionwitchwardrobe-tours.co.nz
 사전 예약 필수

크라이스트처치는 영화 『나니아 연대기』의 촬영장소로 유명해졌다. 서던 알프스(Southern Alps) 산에 위치한 플록 힐(Flockhill)은 영화 속 결전의 장소이다. 석회암 지형에 광활한 산골짜기 사이로 기이한 형태의 바위가 우뚝 솟아 있는데 영화 속 하얀 마녀와 피

터가 대검대적을 하던 장면이 바로 이 바위 앞에서 찍은 것이다.

근처에는 또 다른 촬영지가 있는데 다필드(Darefield) 지역의 홈부시(Homebush)이다. 빽빽한 수림에서 사자 아슬란이 홀로 하얀 마녀의 진영으로 향하고 루시와 수잔이 몰래 그 뒤를 따라 몸을 숨긴 곳이 이곳의 커다란 한 그루의 나무 뒤이다.

플록 힐과 홈부시는 개인 농장으로 외부에 개방되어 있지 않기 때문에 나니아 영화 여행 코스에 참가해야 참관이 가능하다. 코스에는 플록 힐에서의 피크닉이 포함되고 가이드가 중간에 영화에서 출현하는 장면과 촬영 시의 에피소드를 들려준다. 그 밖에 영화 촬영에 쓰였던 도구와 의상을 여행객들에게 제공하고 있어 사진촬영도 할 수 있다.

카이코우라 고래 감상

P125B1

The Whaleway Station P.O. Box 89, Kaikoura

성인-NZ$125, 3~15세-NZ$60

매일 3회 7:15, 10:00, 12:45 11월~3월 15:30에 한차례 더

12/25

(0800)655-121, (03)319-6767

(03)319-6545

res@whalewatch.co.nz

www.whalewatch.co.nz

사전 예약 필수, 당일 날씨에 따라 출항을 결정, 출항 후 고래를 보지 못하면 최고 80% 환불

카이코우라는 크라이스트처치에서 차로 약 2시간 30분 거리에 있다. 카이코우라 외해의 해구는 '해양 세계의 대협곡'이라는 별명으로 불리고 있으며, 많은 심해 어류와 바다 동물들의 서식지이기도 하다. 특히 향유고래가 가장 좋아하는 먹이인 대왕오징어가 많이 살고 있어 자연스럽게 향유고래도 이곳으로 이동하여 서식하게 되었다. 그에 따라 1843년부터 고래잡이가 성행하기 시작했다. 그러나 지나친 포획으로 고래의 수량이 줄어들게 되었고, 카

이코우라 주민들은 어쩔 수 없이 주요 생업이었던 어업과 농업에서 전향해 지금은 고래 감상, 바다 갈매기와 돌고래, 바다표범 선상관람, 상어와 함께 수영하기 등 해양 생태 관광 사업에 종사하게 되었다. 그 덕분에 이 작은 바닷가 마을에는 매일 천명에 달하는 여행객들이 몰려온다.

선원은 카이코우라와 고래 생태에 관해 설명해주며, 해저 마이크 탐측기로 향유고래가 떠오를 때의 움직임을 포착한다. 향유고래는 300m에서 800m까지 깊이 잠수하며 물속에서 최고 2시간 17분 동안 머물다가 수면에 떠올라 호흡을 한다. 또 자주 콕콕거리는 소리를 내는데 수면 위로 떠오를 때만큼은 그 소리를 내지 않는다.

한 번 출항을 하면 보통 한 번에서 두 번 정도 고래를 보게 된다. 배들 사이에는 서로 고래가 어디에 있는지 연락을 주고받기 때문에 고래가 있는 곳으로 찾아갈 수 있다. 향유고래가 수면에서 호흡을 하고 다시 잠수하는 데까지는 약 5분에서 10분 정도 시간이 걸린다. 이때 고래가 다시 물속으로 들어가기 위해 큰 꼬리를 힘차게 흔들며 입수하는 유명한 장면을 감상할 수 있다.

크라이스트처치 곤돌라
christchurch gondola

- P125B2
- 대교회당에서 차로 15분
- 10 Bridle Path Road
- 왕복 성인–NZ$19,
  5~15세–NZ$8(곤도라+전차표)
  성인–NZ$27.5,
  5~15–NZ$10
- 10:00~21:00
- (03)384-0700
- (03)384-0703
- www.gondola.co.nz

 1992년 11월 운행되기 시작한 곤돌라는 최고 초속 3.5m의 속도로 상승하며 4분 30초 만에 500m 높이의 포스트 힐(Post Hill) 정상에 도달한다.
 산 정상의 전망대는 분화구에

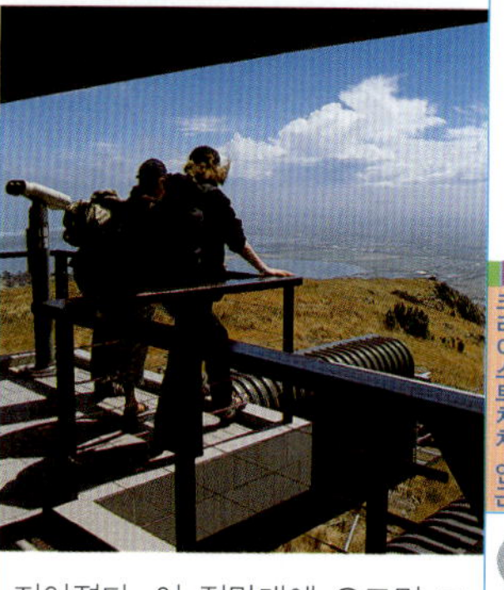

지어졌다. 이 전망대에 오르면 크라이스트처치, 캔터버리 평원, 리텔튼 항과 서던 알프스 산맥의 장대한 풍경이 한눈에 들어온다. 또 식당과 커피숍도 있어 크라이스트처치의 등대가 바다를 비추는 모습을 보며 낭만적인 저녁식사를 할 수 있다.

국제 남극 센터
International Antarctic Center

- P125B2
- 38 Orchard Road
- 성인–NZ$25,
  5~15세–NZ$15(전차+입장권)
  성인 NZ$35,
  5~15세–NZ$25
- 10월~3월 9:00~19:00
  4월~9월 9:00~17:30
- (0508)736-4846,
  (03)353-7798
- (03)353-7799
- info@iceberg.co.nz
- www.iceberg.co.nz

 이곳에서는 남극에 대한 사람들의 이해를 돕기 위해 각종 다양한 체험시설을 갖추어 놓고 있다. 입구에 들어서면 가상 기지 구역이 나오는데 빛, 그림자, 소리로 남극의 사계절을 표현했다. 그리고 센터에서 제공하는 눈옷과 미끄럼 방지 장갑을 끼고 영하 5℃의 방 안에 들어가 극한체험도 할 수 있다. 또 캠프장에서 옷과 모자로 무장을 한 후 텐트에 기대거나 눈차 위에서 사진을 찍어보자. 이 모든 것이 무료라서 더욱 즐거울 것이다. 그밖에 완전 밀폐된 공간 안에서 극한 혹은 극 열지빙늘 체밈힐 수 있는 눈차(Hagglund)는 남극에서 사용하는 것과 똑같으며 물 속 3m까지도 잠수할 수 있다. 비용을 지불해야하지만 테마 공원의 놀이시설과 비교할 수 없을 정도로 스릴이 넘친다.

열기구
Up Up And Away

 P125B2

 P.O. Box 36-308,
 Merivale, Christchurch

 성인-NZ$260,
 5~11세-NZ$220(시내 여관
 운행 포함)

 일출 시, 계절에 따라 조정,
 여름 5:00, 겨울 7:00

 (03)381-4600

 (03)381-4611

 info@ballooning.co.nz

 www.ballooning.co.nz

 사전 예약 필수

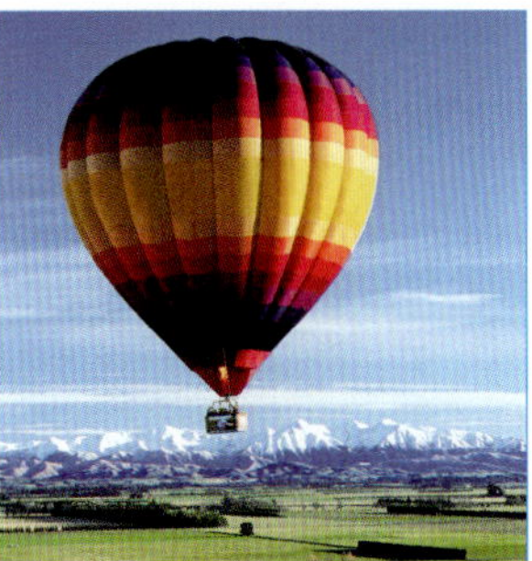

 열기구를 타고 싶다면 일찍 일어나야 한다. 새벽이 하루 중 날씨가 가장 안정적이기 때문이다. 커다란 열기구에는 한 번에 16명에서 20명까지 태울 수 있고 최고 2133.6m까지 올라간다. 열기구 기사의 경험과 테크닉에만 온전히 의존하여 방향과 고도가 조정된다.

 열기구가 천천히 캔터버리 평원 위를 날기 시작하면 서쪽으로는 구름 덮인 서던 알프스 산맥이 보이고 동쪽으로는 끝없이 펼쳐진 푸른 바다가 보인다. 일출과 풍경을 감상하고 있다 보면 카메라를 밖으로 내밀어 공중 촬영을 해주는데 결코 놓쳐서는 안 된다.

 착지 후에 기구와 바구니를 정리하고 모두 모여 샴페인이나 주스를 마시며 열기구의 역사를 얘기한다. 이때 각자 한 장의 증명서를 받게 되는데 좋은 기념이 될 것이다.

베스트 어트랙션
Best Attraction

 P125B2

 일일 프리 패스
 어른-NZ$10,
 15세 이하-NZ$8
 이틀째는 무료
 여름 9:00~19:45-매 40분마다 출발
 겨울 10:00~18:00

 (0800)733-287

 redbus@redbus.co.nz

 www.redbus.co.nz

 차에서 표 구입 가능,
 i-SITE에서 구입 시 할인

 이틀 내에 교외의 모든 명소를 돌아다니고 싶다면 가장 경제적이고 편리한 베스트 어트랙션 버스를 이용하자. 이 검은 색의 2층 버스는 대성당 광장에서 출발하여 크라이스트처치 곤돌라, 남극센터, 윌로우 야생동물 보호구역 등을 경유한다. 하루 동안 승하차에 제한이 없으며 각 명소에 시간표가 게시되어 있다. 운전사는 게시된 대로 정확한 시간에 출발한다. 위층의 좌석이 일반 가정의 화원을 구경할 수 있는 가장 좋은 위치이다.

Ｈ 숙박

그라스미어 롯지 Grasmere Lodge

🛫 P125A1

🚗 크리스트 처치에서 차로 약 90
분 또는 Tranz Alpine 이용

🏠 State Highway 73, Cass,
Canterbury, Private Bag
55009, Christchurch

💲 1인 NZ$1,035~1,590,
2인 NZ$1,244~1,660

☎ (03)318-8407

🅕 (03)318-8263

@ retreat@grasmere.co.nz

🕸 www.grasmere.co.nz

그라스미어 롯지는 서던 알프스
산의 중심 지역에 위치한다. 하늘과
산이 빚어낸 풍경과 산촌의 정취에
우아한 품격이 니메져 그야말로 미
의 결정체를 보여주고 있다. 스몰
럭셔리 호텔즈 오브 더 월드(Small
Luxury Hotels of the World)에
이름이 올라 있기도 하다.

근 200여 년 동안 이곳의 주요
건물은 여러 번의 수리를 거쳤다.
하지만 아직도 옛날의 석벽을 그대
로 보존하고 있다. 또 짙은 색의

목재 벽면이 중후한 가죽 소파와
어우러져 우아한 분위기를 나타
내면서도 시골의 순수한 모습도
나타내고 있다.

롯지 주 건축물에서 멀지 않은
곳에 녹색 지붕과 흰색 벽의 목
조 건물이 호반을 끼고 자리하고
있다. 모두 6개의 객실이 있고 가
구, 침구가 짙은 빨강이나 짙은
커피색으로 유럽 분위기가 물씬
풍겨난다. 식당의 아황색 벽면에
커다란 유리창은 단아하면서도
깔끔하다.

이곳의 면적은 매우 넓다. 경내
와 주변에 5개의 호수와 3개의
하천이 있다. 너무 넓어서 그 끝
이 안 보이는 초원과 먼 곳의 산
맥이 잇닿아 있어 보는 이로 하
여금 매우 상쾌한 느낌을 전해준
다. 영화 『나니아 연대기』의 감독
앤드류 애덤슨(Andrew
Adamson)과 제작진이 영화 촬
영 기간 내내 이곳에 머물렀다고
한다.

퀸스타운

Queenstown

퀸스타운은 와카티푸 호수(Lake Wakatipu)에 위치해 있다. 알프스 산맥 북단의 픽튼에서 퀸스타운까지 이어진 산과 호수는 서로를 비추며 사람들의 시선을 사로잡는다. 이 풍경이 바로 퀸스타운 여행의 매력이라고 할 수 있다. 또 퀸스타운은 제트보트와 번지점프 그리고 서핑을 즐기기에도 좋은 곳으로 스릴 넘치는 체험을 하고 싶다면 이곳에 와보자.

영화 『반지의 제왕』 시리즈의 대부분이 이곳에서 촬영되었다. 퀸스타운 사람들은 영화 속의 그림 같은 풍경은 실제로 퀸스타운에 존재하는 곳이라고 하며 홍보하고 있다. 하지만 꼭 그런 홍보가 아니더라도 많은 영화 팬들은 그들이 동경하는 '중간계(Middle Earth)'를 보기 위해 이곳을 찾는다.

퀸스타운
와나카 호수
Lake Wanaka
샷오버 강
Shotover River
와나카
Wanaka
퍼즐 월드
Puzzle World
스키퍼스 캐니언 Skippers Canyon
글레노키
Glenorchy
퀸스타운 역사유적 여행
Queenstown Heritage Tour
플라이 바이 와이어 Fly By Wire
애로우타운
Arrowtown
샷오버 제트
Shotover Jet
퀸스타운
Queenstown
공항 Airport
카와라우 브리지
Kawarau Bridge
번지점프
Bungy Jump
Matakauri Lodge
월터 피크 농장 Walter Peak Farm
Beetham St.
Sydney St.
Melbourne St.
Frankton Rd.
Panorama Tce.
공항, 애로우타운 방향→
Frankton Rd.
Park St.
The Tce.
와카티푸 호수
Lake Wakatipu

시내 방면
◎항공편
남섬의 관광 중심 도시인 퀸스타운은 오클랜드, 크라이스트처치, 로터루아, 웰링턴 등의 대도시를 오가는 항공편이 자주 운항된다. 공항은 시내 동쪽 약 8km 떨어진 곳에 위치하며, 운항시간은 6:30~23:00이다. 공항에서 시내의 각 큰 호텔로 버스가 운항되고 소요시간은 약 20분 정도이다.

◎버스
많은 버스 회사들이 시내 및 관광 명소 노선을 운행하고 있으며 하차 지점은 시내에 있다.

시내교통
Shopper Bus가 퀸스타운의 각 주요 호텔과 명소를 지나며 각 호텔과 여행자 서비스 센터에 시간표가 있다.
- ☎(03)441-4471
- @ info@shopperbus.co.nz
- ⊕ www.shopperbus.co.nz

퀸스타운 i-SITE 여행자 서비스 센터
- ⌂ Clock Tower, Cnr. Camp and Shotover Sts.
- ☎(03)442-4100　Ｆ(03)442-8907
- @ info@qvc.co.nz　⊕ www.queenstown-vacation.com

◉ 명소

윌리엄 길버트 리스 동상
William Gilbert Rees

◈ P130B2

더 몰의 보행지역 호수 근처에 있는 동상. 퀸스타운의 창시자 윌리엄 길버트 리스를 기념하는 것이다.

1861년, 유럽지역 최초의 이민자인 윌리엄 길버트 리스와 그의 아내는 호숫가 근처의 땅을 매입하고 자신의 농장을 건설한다. 그 다음해 금을 발견해 골드러시를 일으켰고, 정부는 그에게 약 1만 파운드를 지불해 채굴권을 사들였다. 그는 이 돈으로 호숫가의 농장들을 사들였는데 그것이 바로 퀸스타운의 시작이 된 것이다.

현재 퀸스타운의 많은 건축물의 숨겨진 뒷이야기는 그와 매우 관련이 깊다. 우뚝 서 있는 그의 동상은 퀸스타운 사람들이 얼마나 그에게 감사하는 마음을 가지고 있는지 보여주고 있다.

성 피터 교회
St. Peter's Anglican Church

▲ P130B2

우체국과 마주한 석조 건물의 이 교회는 아름다운 화원과 소박한 외관이 퀸스타운의 시골벅적함과 대비되어 더욱 사람들의 눈길을 끈다. 이 교회는 1932년에 설립되었고, 간결한 멋이 느껴지는 스테인드글라스는 1934년에 만들어진 것이다.

가장 볼 만한 것은 문가 오른편에 있는 커다란 벽시계인데 자세히 보면 단순한 벽시계가 아닌 헌금함 시계라는 것을 알 수 있다. 스테인드글라스와 같은 해인 1934년에 제작되었다. 위의 적혀진 숫자는 당시에 얼마나 헌금이 되었는지를 알려주는 것이다. 먼저 헌금을 계수한 뒤 동전을 넣으면 시계가 움직이는데, 당시의 헌납은 페니(Penny)가 많아서 페니 클락(Penny Clock)이라고도 불렸다. 그러나 현재는 사용하고 있지 않다.

월터 피크 농장
Walter Peak Farm

▲ P131C2

🚢 www.realjourneys.co.nz

월터 피크 농장은 와카티푸 호수 서안에 위치하고 있다. 빨간 지붕과 흰색 벽이 인상적이며, 커다란 화원과 목장도 있다. 멋진 이 농장의 배후에는 영화 같은 반전의 뒷이야기가 있다.

미지의 땅을 향한 부푼 꿈을 안고 도착한 윌리엄 길버트 리스와 그의 친구 니콜라스 탄젤만은 와카티푸 호수에서 인생의 기로에 서게 된다. 바로 동전을 던져 땅의 소유와 위치를 정하기로 한 것이다. 그 결과 리스는 퀸스타운을, 탄젤만은 왈터봉을 갖게 되었다. 하지만 이 동전 하나로 인해 두 사람의 인생은 완전히 다른 국면을 맞이하게 된다. 리스는 자신의 땅에서 금광을 발견해 대박을 터뜨린 데 반해, 탄젤만은 폭설, 폭풍의 재해를 겪으며 가축들을 모두 잃었다. 결국 자금사정이 악화되어 대부분의 토지 소유권을 박탈당하고 이곳을 떠나게 되었다. 정말로 얄궂은 운명의 장난이 아닐 수 없다. 그러나 1991년, 한 여행사에서 농장과 경영권을 매입한 후 현재는 중요한 관광명소로 자리 잡았다.

먼저, 증기선에서 하선하면 목장에 들러 동물들을 구경한다. 이때 관광객들은 양에게 풀을 먹여 볼 수도 있다. 산장에서 식사를 하고, 차를 마신 뒤 농장 프로그램인 양치기 개의 양 몰이와 양털 깎기를 구경한다.

와카티푸 호수
Lake Wakatipu

🅰 P130B3

🏠 Central Queenstown

퀸스타운은 와카티푸 호수 옆에 위치해 있다. 빙하가 녹아서 생긴 이 호수의 길이는 84km로 뉴질랜드에서 두 번째로 긴 호수이다. 수면 위로 6분마다 물이 뿜어져 나오는 것을 볼 수 있는데, 그 낙차는 평균 7.5cm이다. 과학자들은 이것을 주위 산맥이 조성하는 풍압에 의한 현상이라고 설명한다.

마오리인의 전설 속에 이런 이야기가 있다. 한 거인이 족장의 딸을 납치했다. 족장의 딸을 사랑하던 용사 마타카우리가 거인이 잠들었을 때 불로 그의 침대를 태워 커다란 구멍을 냈고 거인은 그 안에 빠져버렸다. 이 호수의 형상이 바로 그 거인의 모습이며 머리 부분은 글레노키(Glenorchy), 구부러진 무릎은 퀸스타운이며 호수의 물길은 그가 유일하게 남긴 심장 박동이라고 한다.

증기선 언슬로 호
TSS Earnslaw

🅰 P130B2

🚶 여행자 서비스 센터에서 도보 5분

🏠 Stamer Wharf, Queenstown

💲 증기선 성인-NZ$40,
어린이-NZ$15
증기선+농장 여행 :
(프로그램 변동 있음)
성인-NZ$60~99,
어린이- NZ$15~58.5

🕐 12:00, 14:00, 16:00,
10월~4월 10:00, 18:00,
20:00 증편

☎ (03)442-7500

📠 (03)442-7504

@ info@realjourneys.co.nz

🌐 www.realjourneys.co.nz

❗ 출발 20분 전에 도착해야 함

길이 약 51m, 무게 330톤의 언슬로 호는 남반구에서 유일하게

운행되는 연탄 여객선이다. 선체만 봐도 역사의 깊이가 담긴 예술적인 분위기가 느껴진다. 빨간색과 검정 색의 외관, 우아한 조형이 '호수의 귀부인(The Lady of The Lake)' 이라는 이름을 얻게 하였다.

선상의 바 커피숍에서는 커피를 마시며 창밖의 풍경을 감상할 수 있다. 백 년 전 모습 그대로 보존해 온 엔진실은 이 배의 자랑이다. 1층의 조정실에서 조작과정을 견학할 수 있고 아예 엔진실로 들어가 직접 그 열기를 느껴볼 수도 있다.

엔존 얼터멋 점프
Nzone the Ultimate Jump

P130B2

35 Shotover Street

9000피트 NZ$245, 퀸스타운에서 픽업과 배웅 및 증서 비용 포함

365일, 날씨가 좋으면 1시간마다 출발

(03)442-5867

(03)442-7269

skydive@nzone.biz

www.nzone.biz

필히 건강상태에 대하여 적어야 하며 체중이 100kg을 넘어선 안 되고, 18세 이하는 부모의 동의서가 필요하다.

지금까지 3만 6천여 명이 이곳에서 스카이다이빙에 도전했지만 단 한 번도 사고가 난 적이 없다고 한다. 낙하산을 조종하는 건 자격증이 있는 교관으로, 여행객과 한 팀이 되어 창공의 스릴에 도전한다.

일반 코스는 15분 동안 비행기를 타고 고도 약 2,700m에 도달했을 때 뛰어내리는 것이다. 시속 200km의 속도로 하강하는데 25초의 짧은 시간 동안 진정한 자유 낙하란 어떤 느낌인가를 알게 된다. 만약 날씨가 좋으면 돈을 추가로 지불하고 고도를 높일 수도 있다. 자유 낙하 시의 사진과 녹화 테이프를 살 수 있는데 가격이 저렴하지는 않다. 하지만 촬영의 고난이도를 생각한다면 비용이 아깝지는 않을 것이다.

더 몰
The Mall

P130B2

Central Queenstown

이곳의 노천 좌석은 늘 사람들로 가득하다. 중국, 일본, 태국, 중동 등 다양한 메뉴의 식당들도 많이 있어 선택의 폭이 넓다.

쇼핑족들이 즐겨 찾는 곳답게 길을 따라 많은 기념품전과 귀여운 작은 상점들이 늘어서 있고 그중에는 뉴질랜드 각지의 공예품을 수집해 놓은 곳도 있다. 또 부티크와 뉴질랜드 현지의 의류 브랜드, 럭비공 전문점도 이곳에 입점해 있다.

스카이라인 곤돌라, 레스토랑, 루지
Skyline Gondola, Restaurant, Luge

- P130A1
- Brecon Street
- 곤돌라 NZ$20, 곤돌라+수동 삼륜 썰매 NZ$26
- 곤돌라 9:00~심야(수동 삼륜 썰매)
  여름-9:30~21:00
  겨울-3:30~17:00
  식당 점심-12:00~14:00,
  저녁-17:45~심야
- 12/25
- (03)441-0101
- (03)442-6391
- @ gondola@skyline.co.nz
- www.skyline.co.nz

스카이라인 전망대는 해발 790m 높이의 밥스 피크(Bop's Peak)에 위치해 있다. 여행객들은 곤돌라를 타고 산 정상 종점에 올라 퀸스타운의 전경과 호수 및 산의 경치를 감상할 수 있다. 그리고 산 정상의 레스토랑에서 식사를 하며 커다란 유리창을 통해 창밖의 아름다운 풍경을 볼 수 있다.

이곳의 공연장에서는 마오리 전무(Kiwi Haka) 공연을 볼 수 있고 행글라이더, 번지점프 등과 같은 체험도 할 수 있다. 그중 가장 인기 있는 것은 루지(Luge)이다. 루지는 1인용 경기 썰매로 방향과 브레이크를 조종하며 800m를 달린다.

플라이 바이 와이어
Fly By Wire

- P130B2
- Mountaineer Buildings, Corner Shotover & Rees Streets
- NZ$139
- 9:00, 11:30, 14:30, 여름에는 17:00
- (03)442-2116
- @ info@flybywire-queen-stown.co.nz
- www.flybywire-queen-stown.co.nz

※체중이 125kg을 넘어서는 안 되며, 12세 이하는 참가할 수 없고, 12~18세는 부모의 동의서가 필요하다.

플라이 바이 와이어는 뉴질랜드인 닐 하랩(Neil Harrap)이 구상해 낸 독특한 아이디어의 익스트림 스포츠이다. 와이어로 두 산 정상을 이은 후 중앙에 프로펠러 동력기를 매단 기체 위에 엎드려 하늘을 날 수 있다. 이용자는 자유자재로 브레이크와 엑셀레이터를 밟아 스스로 방향과 속도를 결정할 수 있어 파일럿과 같은 자유를 느낄 수 있다. 와이어로 묶여 있는 이 비행체는 시계추처럼 산골짜기 사이를 비행하며 절대로 떨어지는 일이 없다. 소요 시간은 약 6분 정도이다.

번지 점프
Bungy

- P130B2
- Cnr Camp and Shotover Street
- 스카이 스윙 NZ$75, 번지 점프 NZ$14~NZ$199
- (0800)286-495, (03)442-7100
- (03)442-7121
- @ bungyjump@ajhackett.co.nz
- www.ajhackett.com

퀸스타운은 번지점프의 명소 중 가장 유명한 곳으로 장소도 다양해서 선택의 폭이 넓다. 카와라우 브릿지 번지는 세계에서 최초로 번지 점프가 시작된 곳으로 43m 높이의 다리에서 강으로 하강하게 된다. 네비스 하이와이어 번지는 134m에서 번지 점프를 하는데 떨어지는 시간은 고작 8.5초이지만 그 순간 엄청난 속도감을 즐길 수 있을 것이다. 렌지 어반 번지는 곤돌라를 타고 산 정상에 올라 번지점프를 할 수 있다. 공중에서 좌우로 흔들리는 렛지 어반 스카이 스윙은 저녁에도 가능하다. 어둠 속에서 뛰어내리는 번지 점프는 스릴이 넘칠 것이다.

반지의 제왕 원정여행
The Safari of the Rings

- P130C1
- NZ$130(티타임 포함)
- 8:15, 13:30
- (03)442-6699
- (03)442-7348
- @ webinfo@nomadsafari.co.nz
- www.nomadsafari.co.nz

영화 『반지의 제왕』은 퀸스타운 근처에서 많이 촬영되었다. 여행사에서는 이곳의 두 가지 여행코스를 계획했다. 하나는 와카티푸 분지(Wakatipu Basin)에 가는 것인데 이곳은 제왕 협곡의 지점으로 모르도를 촬영한 길이다. 또 하나는 글레노키(Glenorchy)에 가는 것인데 백색의 마법사 사루만이 통치하는 아이센가드, 숲의 정령 여왕의 로스로리안과 에이원 공주가 호빗을 데리고 반지의 악령들로부터 도망치는 장면을 촬영한 곳이다. 이것 외에도 반지의 제왕을 수없이 많이 본 관광 운전사들은 자신이 발견한 촬영 장소를 여행객들에게 소개하곤 한다.

샷오버 제트
Shotover Jet

- P131C1
- Arthurs Point
- NZ$99
- 9:00~15:30
- (03)442-8570
- (03)442-7467
- reservations@shotover-jet.co.nz
- www.shotoverjet.com

1970년 시작된 이래 약 200만 여 명이 이용한 샷오버 제트는 뉴질랜드 남섬의 대표적인 수상 레포츠이다. 샷오버 제트를 탈 때는 눈을 부릅뜨고 캡틴을 주시해야 한다. 캡틴이 손가락을 오른쪽으로 돌릴 땐 앞쪽의 손잡이를 꼭 잡아야 한다. 선체가 오른쪽으로 급속도로 회전을 하기 전 이를 알리는 사인인데 손잡이를 꼭 잡지 않으면 물속에 빠질 수도

퀸스타운 역사 유적 여행
Queenstown Heritage Tour

- P131C1
- P.O. Box 219, Queenstown
- 성인 NZ$120, 어린이 NZ$60
- 8:00, 13:30, 소요시간 약 4시간
- (03)442-5949
- (03)441-8989
- tours@queenstown-heritage.co.nz
- www.queenstown-heritage.co.nz

퀸스타운 역사 유적 여행은 채금으로 발전한 퀸스타운의 역사를 방문해 보는 것이다. 사륜 열차를 타고 퀸스타운 북쪽의 스키퍼스 협곡(Skippers Canyan)에 진입한다. 운전사 겸 가이드는 퀸

스타운 채금 역사에 대해 매우 해박하다.

스키퍼스 학교(Skippers School)는 리모델링을 거쳐 현재 개척 역사를 재현해 놓은 전시공간이 되었다. 하천에 가면 가이드가 도구를 들고 현장에서 사금을 채취하는 시범을 보이는데 지금도 하천에선 사금이 나온다.

있기 때문이다.

샷오버 제트의 캡틴이 가장 즐겨하는 운전은 암벽에 붙어서 전속력으로 달리다가 갑자기 꺾는 것이다. 누군가가 겁 없이 "젖지 않으면 재미없다"는 말을 한다면 캡틴은 그 사람의 기대를 저버리지 않을 것이다. 물에 젖고 싶지 않다면 캡틴의 .바로 뒤 중앙에 앉자. 이것은 캡틴이 몰래 전하는 작은 비밀이다.

🎁 쇼핑

더 몰
The Mall

🛫 P130B2
🏠 Central Queenstown

더 몰은 퀸스타운에서 가장 사람들이 많은 곳으로 거리에는 식당과 커피숍뿐만 아니라 루이비통같은 각종 부티크와 털옷, 가죽옷을 파는 본즈 같은 뉴질랜드의 현지 브랜드, 에메랄드 전문점 등이 있다. 그리고 뉴질랜드 각지의 공예품을 수집해 놓은 귀엽고 작은 상점들도 있다. 이곳에서 영화 한 편을 보는 것도 좋은 선택이다. 한 편에 약 NZ$12.5로 오후 5시 전에는 특가 티켓이 있어 우리나라보다 훨씬 싸다. 하지만 한글 자막이 없다는 사실을 기억하자.

에버그린 익스클루시브 기프트
Evergreen Exclusive Gifts

🏠 The Mall, Queenstown
🕘 9:30~22:00
📞 (03)442-8823

조그마한 상점에 많은 제품이 모여 있다. 각양각색의 포크와 나이프, 테헤케 인형이 새로운 주인과의 만남을 기다리고 있다. 컵에 걸려있는 벌꿀 숟가락에서 끈적끈적한 벌꿀이 천천히 떨어지는 것이 재미있다.

치코스
Chico's

🏠 P.O. Box 1267 Queenstown
📞 (03)442-8439
@ spud.lisa.Murphy@xtra.co.nz

2층은 올드 맨 락(Old Man Rock) 바, 1층은 치코스(Chico's) 식당으로, 열려진 창문이 더 몰과 맞닿아 있다.

벌꿀 소스로 재운 돼지고기 립은 육질이 연하고 매우 달콤하다. 1인분도 굉장히 많기 때문에 둘이서 먹기에 적당하다.

마타카우리 롯지 Matakauri Lodge

 P131C2
 Glenorchy Road
 객실과 계절에 따라 다름,
  2인 NZ$1,170~1,770,
  1인 NZ$920~1,520
 (03)441-1008
 (03)441-2180
 relax@matakauri.co.nz
 www.matakauri.co.nz

욕조에 누워 창밖을 바라보면 파란 호수에 푸른 산이 비췬다. 가끔 작은 배가 천천히 호수를 지나가는데 이러한 풍경이 사람들로 하여금 탄성을 자아내게 한다.

마타카우리 롯지에는 4채의 빌라에 각각 3개의 객실이 있는데 모두 쾌적하고 우아한 취향의 디자인으로 설계되었다. 이런 빌라와 주변 경관이 어우러져 멋진 조화를 이루고 있다.

각 빌라의 대지도 넓고 객실 또한 넓기 때문에 창가의 소파나 흔들의자에 앉아 창문 너머 펼쳐진 아름다운 풍경을 감상하며 편안함을 느낄 수 있다.

거실 뒤는 침실이다. 거실과는 나무 미닫이문으로 분리되어 있고 문을 열어 놓은 채로 침대에 누우면 창밖의 경치를 바라볼 수 있다. 계속 보고 있으면 호수의 물이 마치 자신이 누운 방과 연결된 것같은 착각을 일으킬 정도로 아름답다.

욕실에는 호수의 풍경을 그대로 옮겨 놓았다. 욕조 옆에는 넓은 창이 있어 황혼이 질 무렵 호수에 비치는 붉은 노을과 황금색의 따뜻한 광선이 아주 낭만적이다.

그 밖에 롯지에는 술 저장고가 있다. 뉴질랜드 각지의 유명한 주조 지역에서 생산된 포도주를 보유하고 있다. 개인적으로 낭만이 가득한 저녁식사를 원한다면 이곳에서의 저녁 식사를 예약하자.

Eichardt's Private Hotel

▲ P130B2
🚁 공항에서 차로 10분
🏠 Marine Parade P.O. Box 1340 Queenstown
💲 호수 배경 객실
  1인-NZ$1,495,
  2인-NZ$1,595
  산 배경 객실
  1인-NZ$1,275,
  2인-NZ$1,375
📞 (03)441-0450
📠 (03)441-0440
@ info@eichadtshotel.co.nz
🌐 www.eichardtshotel.co.nz

깨끗하고 작은 이 호텔은 와카테푸 호반에 위치해 있다. 인근에 있는 더 몰은 매우 시끌벅적하지만 그 복잡함 속에서 이 호텔은 조용한 분위기를 유지하고 있다.

1872년에 설립된 이 호텔은 골드러시 시기의 채금업자들에게 신분과 지위의 상징이었다. 그러나 100여 년이 지난 후에는 '고전적인 정갈함'만이 남았고, 2001년 리모델링을 통해 그 고전적인 이미지에 현대적인 요소를 더했다. 고전과 현대를 절묘하게 융합한 이 호텔은 와카테푸 호반의 새로운 지표가 되었다.

호텔 안에는 5개의 객실이 있는데 최고 15명을 수용할 수 있다. 수용 인원이 적기 때문에 호텔로부터 극진한 예우를 받을 수 있다. 객실은 커피색 위주로 전체적 분위기가 중후하며 가구의 배치 역시 신경을 썼다.

넓은 거실 공간에 미색, 커피색 소파, 벽난로가 있다. 겨울에 이 벽난로를 켜면 따스함이 전해진다. 거실 뒤의 침실에는 커다란 더블베드가 있고 그 위에 부드러운 모피 한 장이 깔려 있어 포근함뿐만 아니라 고급스러운 질감까지 느낄 수 있다.

Resort Lodge
P130B2
6 Henry St.
(03)442-4970
NZ$24~NZ$60
www.resortlodge.co.nz

Backpackers Downtown Lodge
P130B2
40 Shotover St.
(03)442-6395
NZ$25~NZ$50
www.backpackersdowntown.co.nz

Deco Backpackers
P130A2
52 Man St.
(03)442-7384
NZ$22~NZ$55
www.decobackpackers.co.nz

Alpine Lodge
P130B1
13 Gorge Rd.
(03)442-7220
NZ$23~NZ$56
www.alpinelodgebackpackers.co.nz

The Last Resort
P130B1
6 Memorial St.
(03)442-4320
NZ$24
thelastresort@xtra.co.nz

Bumbles Backpackers
P130A2
2 Brubswick St.
(03)442-6298
NZ$20~NZ$60
www.bumblesbackpackers.co.nz

Queenstown YHA
P130A2
88-90 Lake Esplanade
(03)442-8413
NZ$25~NZ$76
www.yha.co.nz

Pinewood
P130B1
48 Hamilton Rd.
(03)442-8273
NZ$24~NZ$70
www.pinewood.co.nz

Amber Lodge
P130B1
1 Gorge Rd.
(03)442-8480
NZ$95~NZ$180
www.zqn.co.nz/amber.lodge

Lakeside Motel
P130A2
18 Lake Esplanade
(03)442-8976
NZ$119~NZ$129
www.queenstownaccommodation.co.nz

퀸스타운 인근
Around Queenstown

퀸스타운 북교의 와나카(Wanaka) 역시 풍경이 매력적인 곳으로 한가로운 분위기의 와나카 호수와 퍼즐링 월드(Puzzling World)는 이 작은 마을에서 최고의 명소이다. 그중 퍼즐링 월드의 상상을 초월한 재미있는 설계는 사람들을 놀라게 한다.

퀸스타운에서 남쪽으로 테 아나우 호수와 반딧불 동굴을 지나 밀포드 해협 쪽으로 가면 배를 타고 해협과 빙하가 녹으며 생긴 지형을 볼 수 있다. 퀸스타운 북쪽으로는 그림 같은 경치의 하스트 패스(Haast pass)와 프란츠 조셉(Franz Josef) 빙하가 있다. 헬리콥터를 타고 이 빙하의 전경을 보거나 하이킹에 참가할 수도 있다. 마운틴 쿡 지역에는 뉴질랜드 최고봉을 감상하는 것 외에도 많은 하이킹 노선이 있고, 배를 타고 빙하호에 들어가는 등의 코스가 있어 각각 다른 즐거움을 느낄 수 있다.

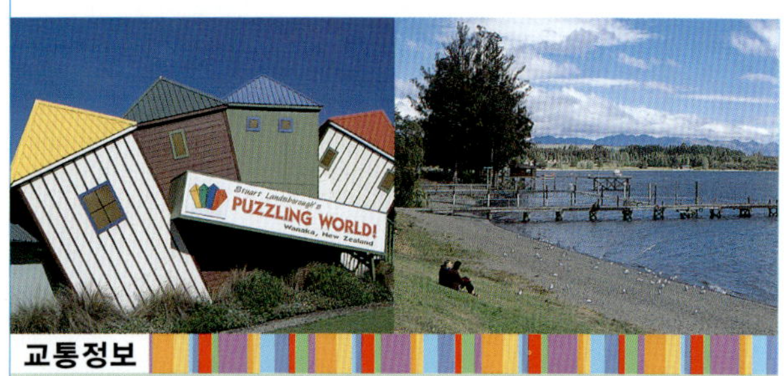

교통정보

시내 방면
◎와나카(Wanaka)

 Wanaka Connexions에서 매일 퀸스타운, 더니든, 크라이스트처치에서 와나카로 버스가 운행된다. 그 밖에 New mans의 퀸스타운에서 프란츠 조셉까지 운행되는 버스가 있는데 와나카를 경우하며 소요시간은 약 1시간 30분이다

www.wanakaconnexions.co.nz

◎테 아나우(Te Anau), 밀포드 해협(Milford Sound)

 테 아나우는 밀포드 해협으로 가는 중요한 출입구이다. 많은 버스 회사가 퀸스타운에서 테 아나우를 경유하여 밀포드 해협으로 가는 노선을 운행하고 있다. 퀸스타운에서 테 아나우까지의 소요시간은 약 2시간, 테 아나우에서 밀포드 해협까지는 약 2시간 30분이 걸린다.

◎프란츠 조셉 Franz Josef

 New mans의 버스가 매일 1회 프란츠 조셉 – 퀸스타운을 운행하며, 소요시간은 약 8시간이다. Inter City의 버스는 매일 1회 프란츠 조셉 – 넬슨을 운행하며 소요시간은 약 10시간이다.

◎마운틴 쿡 Mt. Cook

 New mans의 버스가 퀸스타운 – 마운틴 쿡 – 크라이스트처치 노선을 매일 왕복 1회 운행한다. 퀸스타운에서 마운틴 쿡까지는 약 4시간, 크라이스트처치에서 마운틴 쿡까지는 약 5시간 30분 정도이다.

여행자 서비스 센터
◎와나카 i-SITE 여행자 서비스 센터

100 Ardmore St. The Log Cabin, Wanaka

(03)443-1233

(03)443-1290

www.lakewanaka.co.nz

◎해협 i-SITE 여행자 서비스 센터(테 아나우, 밀포드 해협)

Lakefront Drive, Te Anau   (03)249-8900

(03)249-7022   www.fiordland.org.nz

◎프란츠 조셉 국립공원 서비스 센터

Franz Josef Village

(03)752-0796   (03)752-0797

◎마운틴 쿡 국립공원 서비스 센터

Mount Cook Village

(03)435-1186   (03)435-1080

◉ 명소

마운틴 쿡
Mt. Cook

🔺 P143B1
🏠 P. O. Box 18,
　Mount Cook
💲 성인-NZ$150,
　4~15세-NZ$50
☎ (03)435-1077
@ glacier@xtra.co.nz
🌐 www.gracierexplorers.
　com

높이 3754m의 마운틴 쿡은 뉴

질랜드의 최고봉이다. 3,050m가 넘는 눈 덮인 산봉우리와 천년의 세월을 지나온 빙하의 아름다운 경치는 마운틴 쿡의 매력이라고 할 수 있다.

마운틴 쿡 빌리지(Mt.Cook Village)는 이곳을 돌아보기 위한 거점이 되는 곳이다. 허미테이지 호텔(Hermitage Hotel)은 이곳에서 가장 중요한 건물이다. 마운틴 쿡 지역의 하이킹 노선, 고산 지역의 특수 동식물 생태, 태즈먼 빙하 등은 모두 이곳을 여행할 때 놓쳐서는 안 되는 것들이다.

태즈먼 빙하는 뉴질랜드 최대의 빙하이다. 지구 온난화 현상으로 인해 앞부분이 점점 녹아들어가 넓은 빙하호(태즈먼 호수)를 형성했다. 배를 타고 들어가면 호수를 둘러볼 수 있다.

작은 배의 선장 겸 가이드는 해설을 하며 도중에 호수의 커다란 얼음을 건져내어 승객들에게 손에 쥐고 맛을 보게 한다. 빙산 옆의 해안에 정박하면 승객들은 배에서 내려 빙산 위를 걸어보는 신기한 경험도 할 수 있다.

밀포드 해협
Milford Sound

🔷 P143A1

북섬에서 화산의 지열을 본다면 남섬에서는 빙하와 해협을 볼 수 있다. 해협 가운데 가장 대표적인 밀포드 해협은 피오르드랜드 국립공원(Fiordland National Park)에 위치해 있다. 이 국립공원은 1986년 세계유산으로 지정되었고 해협 내의 험준한 바위를 흘러내리는 폭포는 '세계 제8대자연 경관'의 하나이다.

가장 먼저 이 절경을 발견한 것은 아니타 베이(anita bay)로 에메랄드를 찾으러 가던 마오리 인들이다. 마오리인은 이곳을 '피오피오타히(Piopiotahi)'라고 부른다. '노래하는 개똥지빠귀의 땅'이란 뜻으로 이 새는 이미 멸종되었다고 한다.

밀포드 해협이라는 이름은 이곳을 처음 발견한 유럽인 선장 존 그로노(John Grono)가 지은 것이다. 그는 폭풍을 피하기 위해 왔다가 이곳을 발견했고 자신의 출생지인 영국의 피오르드 밀포드(Fiord Milford)에서 착안해 명명했다고 한다.

여름과 겨울에는 밀포드 해협에 거주하는 인원수가 상당히 큰 차이를 보인다. 모두 개인 소유의 집이 아닌 회사 기숙사에 살기 때문에 겨울 비수기가 되면 집으로 돌아가 쉬는 사람들이 많아 50~70명 정도만이 이곳에 남아 거주한다. 이곳에는 고산이 많아 텔레비전이나 라디오의 신호를 잡을 수 없어 신문으로만 세상을 접할 수 있다.

테 아나우에서 밀포드 해협까지는 약 2시간 30분이 걸리며 하루에 약 10~20대의 버스가 운행된다. 사방으로 눈이 녹아 생긴 물길이 나 있고, 섭씨 6~7도가 되면 머니 크리크(Money Creek)에 멈춰 서서 달콤한 빙하수를 마신다. 도중에 붉은색을 띠는 돌을 볼 수 있는데 광물질의 잔류나 혹은 붉은 이끼 때문인 것으로 알려져 있다.

3,000m 길이의 호머 터널(Homer Tunnel)은 1936년부터 1953년까지 17년의 세월에 걸쳐 완성된 것이다. 지진이나 겨울의 폭설로 인해 붕괴될 위험이 있어 여름에만 통행이 가능하다. 터널에서 나오면 1km에 달하는 험준한 절벽이 나오므로 조심해야 한다. 이곳을 지나야 밀포드 빌리지 선착장에 도착하게 된다.

배를 타는 것 외에 헬리콥터를 타거나 수상 비행기로 보웬(Bowen) 폭포까지 날아갈 수도 있다. 도보 혹은 하이킹으로 밀포드 트랙을 돌며 아름다운 경치를 감상해보자.
밀포드 트랙은 '전 세계 가장 멋진 하이킹 코스'이기도 하다.

테 아나우
Te Anau

🔺 P143B2
🏠 Lakefront Drive, Te Anau
💲 성인 NZ$54, 어린이 NZ$15
🕐 14:00, 19:00 각각 1회,
　10월~4월 17:45, 20:15 증설
📞 (0800)65-6501,
　(03)249-7416
📠 (03)249-7022
🌐 www.realjourneys.co.nz

　반딧불이 동굴에서는 정숙을 유지해야 하며 사진이나 비디오 촬영이 금지된다.

　테 아나우 호수는 뉴질랜드에서 두 번째로 큰 호수이다. 에메랄드와 반딧불이 동굴로 유명하다. 호수로 출발하기 전에 먼저 이곳의 희귀한 생태를 영상으로 교육받는다. 25만 년 전 지하수로 침식된 석회암이 지하 종유석 동굴을 형성하여 그 안에 생장하는 곤충 등이 장기간 빛을 보지 못하고 살았기 때문에 현재의 생태를 구성하게 되었다고 한다.

　교육이 끝나면 관광객들은 배를 타고 반딧불이 동굴을 구경하게 된다. 반딧불이의 빛이 인기는 공복 시에 일어나는 일종의 화학반응이다. 그 불빛으로 먹이를 유혹하는데, 배가 고프면 고플수록 더욱 밝은 빛을 낸다고 한다. 하지만 소리에 매우 민감하기 때문에 반드시 정숙을 유지해야 한다.

테카포 호수
Lake Tekapo

◬ P143B1

  뉴질랜드에서 가장 유명한 풍경 엽서는 바로 테카포 호수에서 찍은 사진엽서이다. 테카포 호반에서 높이 3,754m의 마운틴 쿡을 바라보면 수채화 같은 로빙호와 호수와 산이 멋진 구도를 이루어 좋은 사진이 나올 수밖에 없다는 것을 알게 된다.

  호수에서 멀지 않은 곳에 선한 목자 교회(Church of Good Shepherd)가 있는데 벽돌의 외관이 투박하지만 귀엽고, 호수에 비취는 모습은 독특한 느낌을 연출한다. 교회에서 5분 정도 거리엔 양치기 개(Collie Dog) 동상이 있는데 목장에 일생을 바친 개들에게 경의를 표하는 것이다.

와나카
Wanaka

◬ P143B1

⌂ Main Highway

$ Puzzling World
성인-NZ$7, 어린이-NZ$5
대미궁 어른-NZ$7,
어린이-NZ$5
Puzzling World+대미궁
성인-NZ$10, 어린이-NZ$7

⌚ 여름 8:30~17:30
겨울 8:30~17:00
크리스마스 10:00~15:00

☎ (03)443-7489

ℱ (03)443-7486

@ info@puzzlingworld.co.nz

🌐 www.puzzlingworld.co.nz

  퀸스타운 사람들은 대부분 와나카에서 휴가를 보낸다. 퀸스타운에서 동북쪽으로 약 70km 떨어진 곳에 위치한 와나카는 퀸스타운과 같이 호수와 맞닿은 휴양 마을이다. 와나카 호수(Lake Wanaka)는 뉴질랜드에서 4번째

World)'로 과학과 시각의 맹점을 이용하여 '눈에 보이는 것만이 진짜'라는 통념에 도전한다. 그밖에 '야외 대미로'란 것이 있는데 제대로 된 길을 찾기 전에 먼저 각 관문의 규칙을 지켜야 한다. 이러한 특이한 체험이 여행에 또 다른 재미를 선사할 것이다.

로 큰 호수로서 경치가 매우 멋있다.

와나카에서 가장 인기 있는 것은 '퍼즐링 월드(The Puzzling

프란츠 조셉 빙하
Franz Josef Glacier

P143B1
◎Franz Josef Glacier Guide
NZ$80~NZ$320
(03)752-0763
(03)752-0102
www.franzjosefglacier.com
◎Fox Glacier & Franz Josef Heliservices
NZ$175~NZ$335
(03)752-0793
(03)752-0764
www.scenicflights.co.nz

빙하는 뉴질랜드의 남섬에서 가장 유명한 자연 자원이다. 그중 서해안의 프란츠 조셉 빙하는 필수코스다. 마을에서 신청을 하면 빙하 오르기나 헬리콥터에서의 스카이다이빙 등을 체험할 수 있다. 이곳에선 걸어야만 진정한 빙하의 장관을 감상할 수 있다. 파란 빙하 동굴은 평생 동안 한 번도 보기 힘든 멋진 인상과 추억으로 남을 것이다.

반나절의 하이킹 코스에선 빙하의 앞부분을 볼 수 있으며, 하루 종일 빙하를 걸어야만 빙폭과 빙하 동굴 속을 구경할 수 있다. 돈을 지불하고 헬리콥터를 타거나 하이킹을 하면 다른 곳에서는 볼 수 없는 장관을 감상할 수 있을 것이다.

더니든

Dunedin

남섬의 대도시 더니든은 뉴질랜드의 기타 도시들에 비해 곳곳에서 농후한 스코틀랜드 타우니(Scotland Townee)의 분위기가 느껴진다. 흡사 에딘버러(Edinburgh)에 와 있는 것 같은 느낌이 들기도 한다. 더니든은 스코틀랜드 선교사들이 세운 도시이다. 1860년대의 골드러시로 발전하게 되었고, 이 시기에 건립된 은행, 기차역, 와이너리 등의 건물들 역시 오늘날 더니든에 역사적인 정취를 더하고 있다.

더니든 시내에서 차로 약 50분 정도 거리의 오타고 반도(Otago Peninsula)는 대형 야생 동식물 보호구역 같은 곳이다. 마오리 어로 오타고는 '굴색의 땅'이라는 의미인데, 이것은 토양에 화산암과 조개껍질이 혼합되어 형성된 것이다. 오타고 반도에는 사람보다 동물들이 많아 이곳에서의 생태 여행은 주요 관광 상품이 되었다.

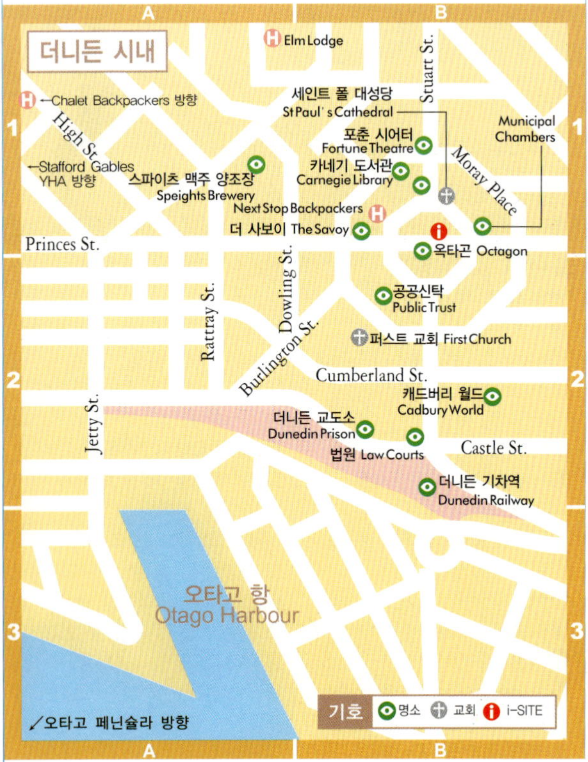

명소

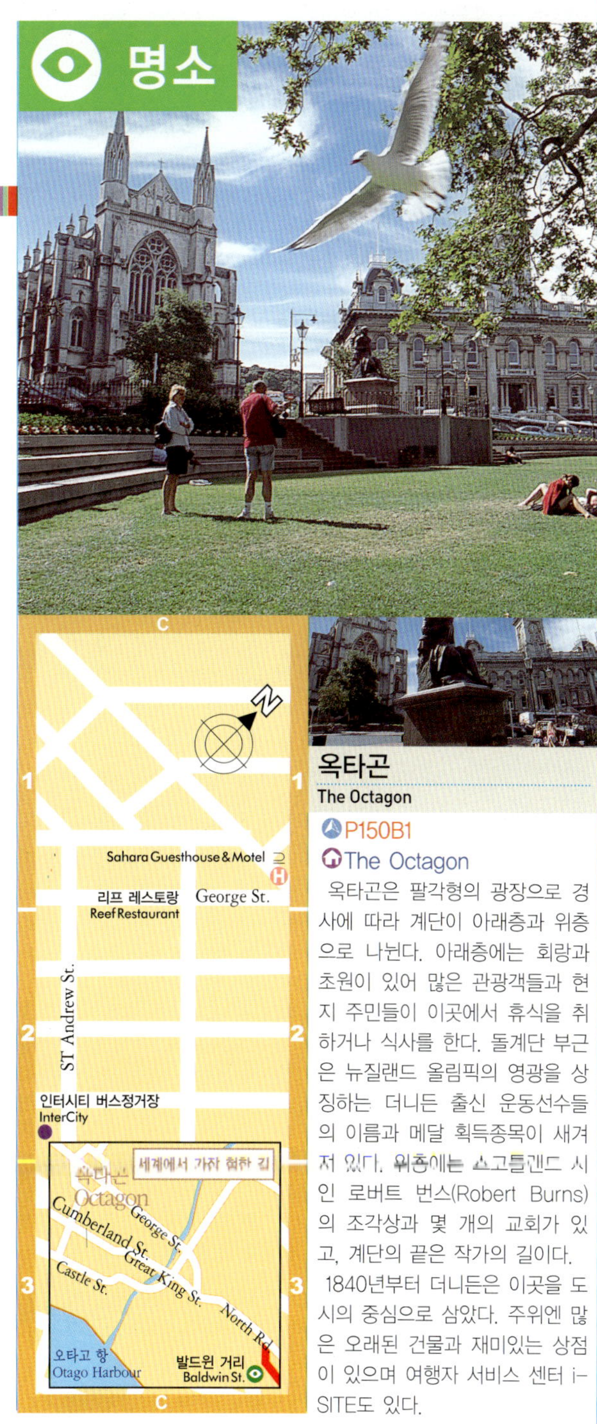

옥타곤
The Octagon

P150B1

The Octagon

옥타곤은 팔각형의 광장으로 경사에 따라 계단이 아래층과 위층으로 나뉜다. 아래층에는 회랑과 초원이 있어 많은 관광객들과 현지 주민들이 이곳에서 휴식을 취하거나 식사를 한다. 돌계단 부근은 뉴질랜드 올림픽의 영광을 상징하는 더니든 출신 운동선수들의 이름과 메달 획득종목이 새겨져 있다. 위층에는 스코틀랜드 시인 로버트 번스(Robert Burns)의 조각상과 몇 개의 교회가 있고, 계단의 끝은 작가의 길이다.

1840년부터 더니든은 이곳을 도시의 중심으로 삼았다. 주위엔 많은 오래된 건물과 재미있는 상점이 있으며 여행자 서비스 센터 i-SITE도 있다.

라나크 성
Larnach Castle

- P152
- 시내에서 차로 약 20분
- 145 Camp Rd., Otago Peninsula
- 성인 NZ$20, 어린이 NZ$10
- 10월~4월 9:00~17:00
- 12/25
- (03)476-1616
- (03)476-1574
- larnach@larnachcastle.co.nz
- www.larnachcastle.co.nz
- 실내에서 사진 및 비디오 촬영 금지

라나크 성은 뉴질랜드의 유일한 성이다. 조각 장식의 천장, 뉴질랜드 골동품과 탑에서 내려다보이는 300m 아래의 태평양과 항구 등이 고성 뒤의 드라마틱한 역사를 감추고 있어 이 성의 분위기를 더해주고 있다.

이 성을 지은 윌리엄 라나크 (William Larnach)는 스코틀랜드에서 태어나 시드니 북쪽에서 성장한 은행가이다. 뉴질랜드 정부를 위해 잉글랜드에 가서 모금을 해 왔고 훗날 뉴질랜드 철로부장과 의원직을 역임했다. 그러나 윌리엄의 첫 번째 부인이 병으로 죽은 후 둘째 아들과 셋째 부인이 바람이 나자 총으로 자살을 하고 만다. 이러한 스캔들이 라나크 가문의 수치가 되어 1908년 이 성을 300만 파운드의 싼 가격으로 정부에 팔아버렸다. 그리고 1967년 뱅커(Banker) 가문이 사들여 다시금 개인 소유 성이 되었다.

이 성은 1871년부터 15년 동안 만든 것으로 당시 세계 각국의 가장 좋은 원자재를 사용하여 지었는데 내부 인테리어만 12년에

교통정보

시내방면
◎항공편
더니든의 공항에는 매일 오클랜드, 웰링턴, 크라이스트처치로의 항공편이 있다. 공항에서 시내까지 수퍼 셔틀의 버스가 운행된다.
www.supershuttle.co.nz

◎버스
Inter City의 버스가 크라이스트처치와 퀸스타운에서 더니든으로 운행하며, 크라이스트처치에서 더니든 구간은 약 6시간, 퀸스타운에서 더니든 구간은 약 4시간 30분이 소요된다. 버스 정류장은 St. Andrew 거리에 있다.
www.intercitycoach.co.nz

시내교통
◎시내버스 Citybus
i-SITE에서 버스 시간표를 얻을 수 있다

◯ 옥타곤에서 출발, Normanby 첫차-7:05, 막차-23:30
$ 1일 통행권-NZ$6
www.transportplace.co.nz

　시내 명소는 대부분 옥타곤에서 도보로 30분 범위에 집중되어 있다. 오타고 대학, 보타닉 가든(Botanic Garden)과 세계에서 가장 가파른 발드윈 거리(Baldwin Street)는 도심에서 약간 먼데, 옥타곤 정류소에서 Normanby 방향의 버스를 타면 도착한다. Citybus는 모두 4개의 노선이 있다.

◎Hop-On Hop Off Dunedin Explorer

⌂ i-SITE에서 표 구입, 출발점과 종점은 옥타곤
☎ (0800)32-22-40, (03)474-3300
◯ 9:45, 11:30, 13:00, 14:30, 16:00
$ 성인 NZ$15, 14세 이하 NZ$7.5
❗ 약 1시간 소요

더니든 i-SITE 여행자 서비스 센터
⌂ 48 The Octagon(옥타곤 옆)
◯ 여름 8:30~18:30, 겨울 8:30~17:00
☎ (03)474-3300　F (03)474-3311
www.dunedinnz.com　www.cityofdunedin.com

걸쳐 완성되었다. 길다란 계단을 걸어올라 회랑을 돌면 성의 1층으로 들어가게 된다. 바닥이 뉴질랜드 현지 원목이라서 걸을 때의 느낌이 매우 좋다. 창문의 유리는 은행에서 남은 것들을 다시 이용한 것이라 위에 은행 표기가 있다.

Hop-On Hop-Off Dunedin Explorer

🏠i-SITE에서 표 구입, 출발점과 종점은 옥타곤
☎(0800)32-22-40, (03)474-3300
🕐9:45, 11:30, 13:00, 14:30, 16:00
💲성인-NZ$15, 14세 이하-NZ$7.5
❗1회에 약 1시간

　버스 안에서 시간을 낭비하고 싶지 않다면 Hop-On Hop-Off Dunedin Explorer의 소형 관광버스를 이용하자. Hop-On Hop-Off Dunedin Explorer의 의미는 마음대로 타고 마음대로 내린다는 것이다.

　버스의 출발점과 종점은 옥타곤으로, 스파이츠 맥주공장(Speight's Brewery), 올베스톤 저택(Olveston), 발드윈 거리, 식물원, 오타고 대학, 오타고 박물관, 기차역, 세틀러스 박물관(Settlers Museum)의 정류장에 순서대로 정차하며 마지막으로 다시 옥타곤으로 돌아온다.

퍼스트 교회
First Church

🧭P150B2
🏠415 Moray Place
☎(03)477-7118

　첫 번째 스코틀랜드 이민자가 더니든에 온 지 25년이 지난 후 건축가 로버트 로슨(Robert Lawson)은 1848년 벨 언덕(Bell Hill)에 이 교회를 지었다. 이 교회를 짓기 위하여 당시 수감자들의 노동력도 동원되었는데 벨 언덕의 토양이 너무 단단해서 땅을 파던 삽이 12cm나 짧아졌다고 한다. 땅을 파낸 토양은 항구를 메우는 데 사용됐다.

　60m 높이의 뾰족한 종탑이 있는 고딕 양식 건축이며, 종탑은 아침 10시부터 저녁 7시까지 매 시간마다 한 번씩 종을 울려 시간을 알려준다. 교회 앞 풀밭에 있는 가로등은 에딘버러의 낡은 가로등으로, 내부 윗부분의 장미 창과 목조 천장이 가장 볼 만하다. 출입문의 오른쪽은 오타고 이민 모습을 나타내는 작품으로 세장의 작품은 19명의 여인들이 7년의 시간을 들여 완성한 것이다.

발드원 거리
Baldwin Street

P151C3

 Baldwin St.,와 Buchnan
St.가 교차하는 곳

　1988년 출판한 기네스 신기록
대전의 187쪽을 보면 전 세계에
서 가장 가파른 길이 바로 발드
원 거리 최하단과 노스 로드
(North Road) 교차로에서 위를
바라보는 이 일대라고 나와있다.
161.2m 길이에 가장 낮은 곳과
가장 높은 곳의 차이가 47.22m
이고 가장 가파른 곳은
Buchanan Street와의 교차로에
서 밑쪽으로 70.6m 지점이며 경
사각이 38.3도이다.

대형 버스는 지나갈 수 없이 작
은 차들만 주택의 양 옆에 서 있
으며 길 아래에서 많은 사람들이
열심히 이 거리를 올라가는 모습
을 볼 수 있다. 이곳에서는 매년
2월에 이 거리의 가장 낮은 곳에
서 가장 높은 곳까지 올라갔다가
내려오는 경기가 열리는데 많은
운동선수 및 가족들이 참가한다.

더니든 기차역

Dunedin Railway Station

P150B2

여행자 서비스 센터에서 도보7분

Anzac Avenue

(03)477-4449

www.dunedinstation.
co.nz

더니든 기차역은 1873년에서 1906년 사이에 세워졌다. 한때 뉴질랜드에서 가장 크고 가장 시끌벅적한 기차역이었다. 하지만 민항기와 자동차 공업이 발전하자 기차를 타는 사람들이 나날이 줄어들어 현재는 관광 여행 열차를 제외하곤 정기편이 없다.

이 건물은 철로부 수석 엔지니어가 플레미쉬(Flemish) 르네상스 양식으로 설계한 것으로 반원 지붕, 대칭의 창문, 반원향 창문이 매우 특색 있다. 오타고 특유의 어두운 색 화산석과 흰색 석회암 석재를 사용하였는데 색깔과 재질을 절묘하게 조화시켜 생동감 있는 외관을 만들었다.

역의 내부는 따뜻한 느낌의 아황 색조를 사용하여 햇빛이 정중앙의 둥근 지붕으로부터 들어올 때 바닥의 정밀한 모자이크 조각을 자세히 볼 수 있게 했다. 계단 손잡이는 교차 장식이 되어 있고, 2층 양쪽에 있는 스테인드글라스 창은 또 다른 볼거리이다.

2층은 1999년 개관한 스포츠 홀 오브 페임(Sports Hall of Fame)으로 개방 시간은 매일 오전 10시부터 오후 4시까지이다. 각양각색의 메달과 운동용품이 전시되어 있고 기념품점도 있어 운동 애호가와 여행객들은 이곳에서 마음껏 구경을 하고 구매할 수 있다.

노란 눈 펭귄 보호구역
Yellow Eyed Penguin Conservation Reserve

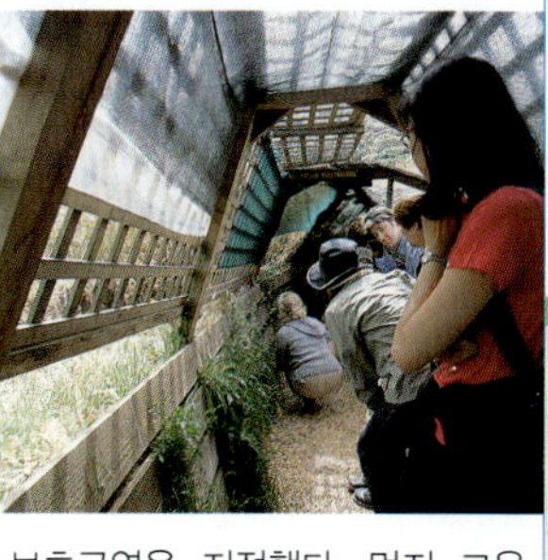

- P152
- Harington Point No. 2 Rd.
- NZ$30
- 10월~3월 10:15~일몰 전 1.5시간
  4월~9월 15:15~16:15
  매 30분마다 출발
- (03)478-0286
- (03)478-0257
- www.penguinplace.co.nz
- 플래시 사용 금지

지구상에는 17종의 펭귄이 있는데 그중 뉴질랜드의 노란 눈 펭귄은 가장 멸종할 가능성이 높다. 이러한 위험을 피하기 위해 1985년 노란 눈 펭귄 보호구역을 지정했다. 먼저 교육센터에서 노란 눈 펭귄의 습성을 이해한 후 버스를 타고 해변으로 간다. 가이드를 따라 풀로 덮인 도로에서 펭귄 보호구역을 지나게 되는데, 정숙만 지켜준다면 펭귄이 아무런 경계 없이 도로 옆을 자연스레 지나다닐 것이다.

펭귄에게 접근하는 또 다른 방법은 풀 더미로 위장한 관측소 안에서 옥상과 벽 사이의 틈으로 보는 것이다. 펭귄의 자연스러운 생활 모습을 관찰할 수 있다.

로열 알바트로스 센터
Royal Albatross Colony

- P152
- Taiaroa Head, Otago, Dunedin
- 성인 NZ$28, 어린이 NZ$14
- 여름 9:00~황혼
  겨울 10:00~16:00
- (03)478-0499
- (03)478-0575
- reservations@albatross.org.nz
- www.albatross.org.nz
- 예약 필수 : 9/17~11/23은 알바트로스 교배 산란기로 외부 참관을 개방하지 않음

오타고 반도 끝의 타이아로아 헤드(Taiaroa Head)에는 세계에서 유일한 로열 알바트로스의 부화지가 위치하고 있다. 이곳에는 4가지의 코스가 있다. 하나는 90분짜리의 유니크 타이아로아이고 두 번째는 60분짜리 코스로 리치데일 관측대에서 로열 알바트로스의 생태환경을 직접 관찰하는 것이다. 세 번째는 30분짜리 코스로 로열 알바트로스 센터 지하에 위치한 시설에 참관하는 것이며, 마지막 네 번째 역시 30분짜리 코스로, 로열 알바트로스의 생태비디오와 서비스 센터 안에서의 정보 관람이다.

오타고 반도 생태 여행

P152
www.otago-peninsula.
co.nz

오타고 항구를 따라 더니든에서 차를 타고 가장 위쪽인 타이아로아 헤드까지는 약 50분이 소요된다. 남북을 이으면 근 28 킬로미터의 오타고 반도는 뉴질랜드에서 가장 유명한 생태 여행 구역이다.

뉴질랜드에 이렇게 많은 동식물이 서식할 수 있는 것은 풍부한 먹을거리와 안전한 환경이 바탕

더니든의 오래된 집은 정부의 정책적 보호를 받고 있다. 외관은 벽돌로 지어 오래된 영국식 분위기를 풍긴다. 에드워드와 빅토리아 스타일의 건축 양식으로 지어져 건축물의 대칭과 조화가 잘 이루어졌다.

이 되기 때문이다. 뉴질랜드의 모피 바다표범, 픽튼의 바다사자, 철새와 바다 새들 또한 남아 있어 이곳의 자연환경이 얼마나 훌륭하게 유지되고 있는지를 보여준다.

남방 경관 루트
Southern Scenic Route

P152
(0800)723-642
(03)214-9733
(03)218-9460
info@southernsceni-
croute.co.nz
www.southernsceni-
croute.co.nz

이 루트는 더니든, 오타고 해안선과 바위 자갈이 깔린 남쪽 해안, 동남쪽의 카트린스, 위로는 밀포드 해협, 해협 공원을 지나 테 아나우까지의 길로, 더니든에서 테 아나우까지의 총 거리는 440km이다. 고도의 개발을 거치지 않아서 자원 보호 상태가 좋고 자연 경관이 아주 환상적이다. 일반적으로 4일의 코스가 있으며, 더 짧은 코스를 원한다면 1박 2일로 계획할 수도 있다.

만약 차가 없다면 2일에서 3일의 버스 여행이 있다. Bottom Bus(www.bottombus.co.nz)가 제공하는 남섬 남단 여행 코스로, 오타고 반도와 카트린스 등지를 운행하는 노선이다. 가장 유명한 것은 럭비 볼 코스이다. 올 블랙스(All Blacks)와 기타 국가 대표 선수들을 볼 수 있다.

옥타곤은 더니든 도심과 시 정부가 있는 곳으로 조기 스코틀랜드 이민자들이 계획한 도시이다. 옥타곤과 주위 환경을 포함해 에딘버러와 건축 형식, 거리 이름 등과 비교, 대조하여 만든 것이다.

트레이딩 구역은 예전에 뉴질랜드 금융상업의 중심이었다. 트레이딩이란 이름은 주식 교역 빌딩에서 따온 것이다. 이 길에는 은행과 많은 빅토리아 양식의 빌딩, 그리고 19세기의 여관, 130년 역사의 맥주 주조장, 후 고딕양식의 성 도미니크 교회와 에드워드식의 오타고 여자 고교가 있다.

카트린스
Catlins

P152

카트린스란 이름은 뉴질랜드와 유럽 사이를 항선하는 배의 선장 에드워드 카트린(Edward Cattlin)의 이름에서 따온 것이다. 1840년 에드워드 카트린은 마오리 인들에게 해안과 내륙을 포함한 땅을 사들였는데 정부가 이 교역을 막아 정식으로 토지가 그의 명의로 넘어오지는 않았다. 1873년 모든 교역이 관여 당국으로부터 승인을 얻게 되었지만 이미 카트린은 시드니에서 세상을 떠난 후였다.

카트린스 일대의 최대 특징은 바람이 강하고 비가 많이 내리며 햇볕이 강렬하다는 점이다. 그리고 해변의 기암괴석과 풍부한 생태로 유명한 남섬 최남단의 슬롭 포인트(Slope Point)가 있다. 썰물 때는 1억 6천만 년 전의 화석 삼림인 큐리오 베이(Curio Bay)와 40분 동안 도보로 왕복할 수 있는 맥클린 폭포(Mclean Falls)를 구경할 수 있다.

스파이츠 맥주 양조장
Speight's Brewery

P150A1
200 Rattray Street
성인-NZ$17, 학생-NZ$14,
어린이-NZ$6
월~목 10:00, 12:00,
14:00, 19:00
금~일 10:00, 12:00,
14:00, 16:00
12/25
(03)477-7697
(03)477-9489
tours@speights.co.nz
www.speights.co.nz

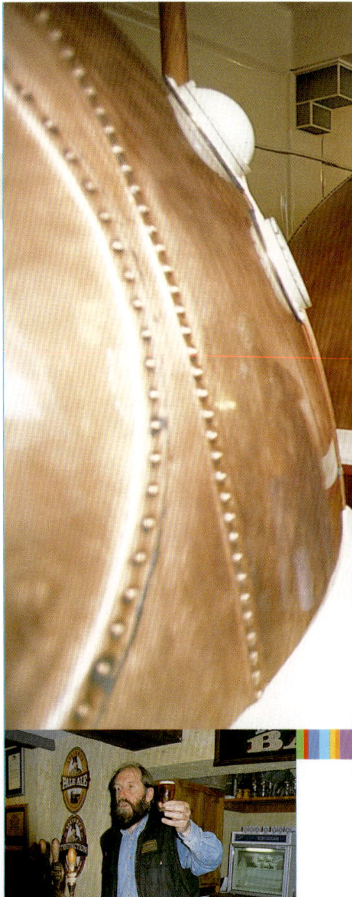

125년이 넘는 역사를 자랑하는 이 맥주 주조장은 뉴질랜드 맥주 대 주조장의 기원이다. 견학코스는 1시간의 맥주 역사와 주조 과정 견학을 포함한다. 맥주의 역사는 8천 년 전 바빌론 시대로부터 시작된다. 뉴질랜드의 마오리 인은 차나무를 이용해서 주조를 했는데, 냄새와 맛이 지독했다고 한다. 마오리 어로 맥주는 '냄새나는 물' 이라는 뜻이다.

맥주의 원료는 보리, 맥아, 그리고 좋은 물인데 영어에서는 쓴 맛의 홉(Hop)을 넣은 것이 맥주(Beer)이며, 그렇지 않으면 보리술(Ale)이라고 했다. 이 주조장에는 그 두 가지가 다 있다. 뉴질랜드의 주조 나무통은 플라스틱으로 만든 것이 아니라 철근을 묶어 만들어 술의 맛에 영향을 끼치지 않게 했다. 전국 유일의 동으로 된 주조 통에 술을 담그면 그 맛이 더욱 깊어지기 때문에 출하하기도 전에 전부 예약이 된다고 한다.

이곳은 더니든에서 몇 안 되는

생맥주를 마실 수 있는 곳으로 살균이나 걸러내는 과정없이 주조한 지 10일 내에 맥주를 만들어 내어 그 맛이 다른 맥주와는 다르다고 한다. 사람들이 제일 기대하는 것은 마지막에 무제한으로 맥주를 마시는 것인데, 최소 6잔의 맥주를 마실 수 있다. 그중 벌꿀 맛의 Pale Ale는 부드러움과 달콤함이 합쳐진 맛으로 가장 인기가 많다. 그 외에 초콜릿 맛, 커피 맛 등도 있다.

캐드버리 월드
Cadbury World

P150B2

280 Cumberland Street

성인–NZ$15, 어린이–NZ$8

9:00~15:15,
매 30분마다 가이드 수행

1/1, 1/2, 12/25, 12/26

(0800)223–287
(03)467–7967

(03)467–7813

www.cadbury.co.nz

　2002년 7월 개장한 캐드버리 월드는 초콜릿 공장에 참관하여 초콜릿 제작 과정을 볼 수 있다. 제작 과정 외에도 다양한 초콜릿에 관련된 지식, 재미있는 초콜릿 백과사전 등 견문을 넓힐 수 있는 기회가 될 것이다.

　매표소 앞에는 피라미드처럼 쌓아놓은 초콜릿 봉이 있고 출입구 위편에는 작은 초콜릿 백과사전이, 오른편에는 박물관과 공장의 입구가 있다. 참관 과정 중에는 초콜릿을 제공하여 맛보게 해준다. 특별히 좋아하는 맛을 발견했다면 초콜릿 상점에 가서 구입하면 된다.

🛬 P151C1
🏠 329–333 George St.
🕐 점심 12:00~14:00
　 저녁 17:30~22:00
　 토 6:00~17:00
📞 (03)471–7185

더니든의 현지인들이 이구동성으로 추천하는 해산물 식당이 바로 이곳이다. 리프 레스토랑은 바다를 인테리어 주제로 하여 파란색 벽, 원목의 탁자와 의자로 실내를 장식했으며 여러 곳에 수족관을 설치해 시원한 기분이 들게 했다. 여러 가지 음식을 한꺼번에 먹고 싶다면 씨푸드 플래터스(Seafood Platters)를 시키면 된다. 이곳은 연어 스테이크가 맛있고 기타 메인 디시로 통구이가 인기 있으며 갈릭 쉬림프, 크랩 등도 매우 맛있다.

Ⓗ 숙박

Elm Lodge
🛬 P150A1
🏠 74 Elm Row
📞 (03)474–1872
💲 NZ$20~NZ$52
🌐 www.elmwildlifetours.co.nz

Next Stop Backpackers
🛬 P150B1
🏠 2 View St.
📞 (03)477–0447
💲 NZ$18~NZ$54
🌐 www.nextstop.co.nz

Chalet Backpackers
🛬 P150A1
🏠 296 High St.
📞 (03)479–2075
💲 NZ$20~NZ$48

Stafford Gables YHA
🛬 P150A1
🏠 71 Stafford St.
📞 (03)474–1919
💲 NZ$26~NZ$62
🌐 www.stayyha.com

Kiwis Nest
🛬 P151C1
🏠 597 George St.
📞 (03)471–9540
💲 NZ$20~NZ$80
🌐 homepages.ihug.co.nz/
　 ~kiwisnest

Sahara Guesthouse & Motel
🛬 P151C1
🏠 619 George St.
📞 (03)477–6662
💲 NZ$85~NZ$100
🌐 www.dunedin-accommoda-
　 tion.co.nz

뉴질랜드 여행정보

New Zealand Information

국가정보

- 위치 : 남태평양, 오스트레일리아 남동쪽
- 경위도 : 동경 174°00″, 북위 41°00″
- 면적(㎢) : 268680
- 해안선(km) : 15134
- 시간대 : UTC+12
- 수도 : 웰링턴(Wellington)

- 종족구성 : 유럽계 백인(69.8%), 마오리족(7.0%), 태평양 제도인(4.4%)
- 공용어 : 영어, 마오리어
- 종교 : 성공회(14.9%), 로마 가톨릭(12.4%), 장로교(10.9%), 감리교(2.9%)
- 독립일 : 1907-09-26
- 국가원수 : 엘리자베스 2세 영국 여왕

- 국제전화 : +64
- 정체 : 의회 민주주의
- 통화 : 뉴질랜드 달러(NZ$)
- 국경일 및 공휴일 :
  신년휴가(1/1~1/2),
  웰링턴 시 기념일(1/20),
  와이탕기 조약 기념일(2/6),
  안작데이(Anzac Day 4/20),
  여왕탄신일(6/2),
  노동절(10/27), 성탄절(12/25),
  박싱데이(Boxing Day 12/26)

여권발급요령

출국을 하려면 누구나 여권을 발급받아야 한다. 여권에는 1년의 유효기간 동안 1회의 해외여행이 가능한 단수여권과 10년의 유효기간 동안 횟수에 제한 없이 해외여행을 할 수 있는 복수여권이 있다. 특별한 사유가 없는 여행자는 해외여행을 할 때마다 여권을 발급받을 필요 없이 복수여권을 발급받는 것이 경제적이다.

2005년 9월 30일 이전에 발행된 구여권은 유효기간 동안 사용이 가능하다. 신여권 제도로 바뀌면서 기존의 유효기간 연장 제도가 폐지되었으므로 연장 가능한 구여권에 대해 신여권 발급 신청서를 작성하면 5년 유효기간의 신여권을 발급받을 수 있다.

여권 발급 구비서류

- 여권 발급 신청서
- 최근 3개월 이내에 찍은 여권사진(3.5cm X 4.5cm)
- 주민등록등본 1부
- 주민등록증 또는 운전면허증
- 대리신청의 경우 본인의 위임장과 주민등록증 및 그 사본과 대리인의 주민등록증이 필요하다.
- 만 18세 미만의 경우 부모의 여권발급동의서 및 동의인의 인감증명서가 필요하다.

여권 발급비용

- 복수여권 – 55,000원
- 단수여권 – 20,000원
- 구여권 ➪ 신여권(5년) – 15,000원

여권 발급기관

- 서울 : 종로구청, 노원구청, 서초구청, 영등포구청, 동대문구청, 강남구청, 송파구청
- 지방 : 각 시청과 도청의 여권과

비자

한국인은 뉴질랜드에 무비자 입국하여(입국 시 공항에서 3개월 Visitor permit을 받음) 3개월간 체류할 수 있으며, 뉴질랜드 내 이민국에서 기간 연장이 가능하다.

무비자로 입국할 때는 왕복항공권을 반드시 소지해야 하며, 여행 경

비를 충당할 재정 능력을 증명할 수 있어야 한다. 방문 목적으로는 18개월 동안 총 체류기간 9개월을 넘길 수 없으며, 뉴질랜드에서 9개월을 체류하고 출국하면, 다음 9개월 동안은 뉴질랜드에 비자 없이 혹은 방문비자로 입국할 수 없다.

◆방문비자

만약 3개월 이상 여행을 하고자 하는 경우에는 방문비자를 신청해야한다. 최근 무비자 입국자들에 대한 단속 및 규정을 강화하고 있으므로 개인 여행 시에는 사전에 뉴질랜드 대사관 홈페이지에서 관련 규정이나 변경내용 등을 확인하고 준비하는 것이 좋다.

◆ 구비서류

1. 방문 비자 신청서 (Application for Visiting New Zealand – NZIS 1017) : 영문으로 해당되는 곳을 빠짐없이 작성한 후 본인이 직접 서명한 것 (비자 신청서는 대사관에 직접 방문하거나 뉴질랜드 이민국(INZ) 웹사이트에서 다운로드)

2. 여권용 사진 1매 : 최근 6개월 이내에 촬영한 것으로 비자 신청서에 붙여서 제출

3. 신청 수수료 : 비자 신청 수수료 안내 참조, 현금/자기앞수표/우편환수표 접수 가능, 계좌이체 및 신용카드 결제 불가능

4. 유효한 여권(뉴질랜드로 여행하는 모든 여행객들은 뉴질랜드 출국 예정일자로 부터 3개월 이상 유효한 여권을 소지해야 함)

5. 재정증명서
〈Sponsorship Form〉
1)뉴질랜드 시민권자/영주권자에 의해 작성된 것으로 비자 신청인의 뉴질랜드 체류 시, 숙식, 체제비용 및 돌아올 항공비 등의 비용을 모두 부담한다는 내용 명시
2)본인 명의의 영문 은행 잔고 증명서 : 아래 두 사항을 합산한 금액 이상이 들어있는 한국/뉴질랜드 내 은행에서 발급한 본인 명의 영문 은행 잔고증명서 (외국인의 경우 최소 12개월 이상의 영문 잔고 내역서 포함)를 제출
● 월NZ$1,000 혹은 숙박비를 미리 지불한 경우 월NZ$400
● 왕복 항공권을 구입할 수 있는 정도의 자금

6. 숙박비 지불 영수증 : 해당하는 분에 한함 (위 5번 참조)

7. 직업 및 재정의 출처를 설명해주는 증거 서류

8. 왕복 항공권에 대한 항공사 혹은 여행사에서 발급한 예약 확인서

9. 휴가 허가서 : 회사에 재직 중인 경우 회사로부터의 휴가 허가서를 제출하되 회사 공문 용지에 휴가 기간, 회사 연락처 등을 명시

10. 방문 목적을 적은 영문 서한 및 증거 서류 (목적, 체류지, 체류기간, 연락처 등을 상세히 명시, 뉴질랜드 체류하는 가족을 만나러 가는 경우에는 가족사항을 상세히 명시할 것.)

11. 영문 경위서 : 해외 체류 시 문제가 있었을 경우 [(예)불법체류, 비자 문제 등]

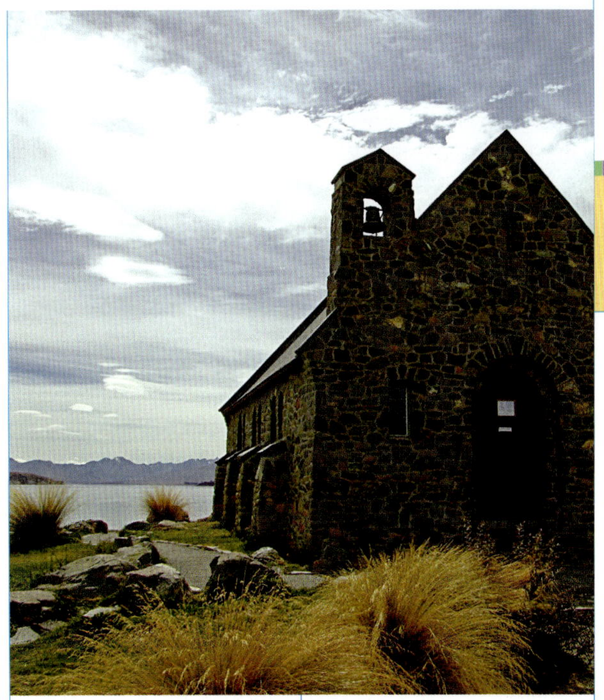

12. 신체검사: 이전 뉴질랜드 체류 기간(비자 타입 불문) + 예정 체류 기간
1) 위의 총 합산 기간이 6개월 초과 12개월 이하인 경우 : 결핵검사 (단기 입국용 X-레이 검사 신청서 NZIS 1096) 검사 결과는 3개월 미만까지 유효, 지정병원 안내 참조, 임산부 및 11세 미만은 해당되지 않음
2) 위의 총 합산 기간이 12개월 초과인 경우 : 신체검사 (Medical and X-ray Certificate NZIS1007)
- 검사 결과는 3개월 미만까지 유효, 지정병원 안내 참조 (단, 임산부 및 11세 미만은 X-ray Certificate 면제)
13. 경찰 신원 조회 (Police Certificate) : 이전 뉴질랜드 체류기간(비자 타입 불문) + 예정 체류 기간 = 24개월 이상이고, 나이가 만 17세 및 그 이상일 경우만 해당. 조회 결과는 6개월까지 유효. 경찰 신원 조회 안내서 참조
- 국적을 가지고 있는 국가로부터 발급 받은 경찰 신원 조회 (공통)
- 17세 이후에 5년 이상 거주한 사실이 있는 국가로부터 발급 받은 경찰 신원 조회 (해당 경우)
14. 비자 결과(여권)을 우편으로 돌려받기 희망하는 경우
우체국택배 (착불)로 발송
15. 영문 번역된 가족관계증명서 및 각 신청인들의 기본증명서: 동반가족이 있을 경우

● 뉴질랜드 대사관
-주소-
서울특별시 종로구 종로 1가 교보빌딩 15층

-홈페이지-
http://www.nzembassy.com/korea

교통편

◆뉴질랜드로 가려면

인천에서 뉴질랜드의 오클랜드까지 대한항공이 매일 직항편을 운항하고 있다. 이 외에도 뉴질랜드 항공(Air New Zealand)이 일본 동경과 오사카를 경유하는 인천–오클랜드/크라이스트처치 구간을 운항하고 있다.

● 대한항공
http://kr.koreanair.com/
● 뉴질랜드 항공
http://www.airnewzealand.co.kr/

◆뉴질랜드 국내교통

● 항공
◎오클랜드 국제공항
http://www.auckland-airport.co.nz/
◎웰링턴 국제공항
http://www.wellington-airport.co.nz/
◎크라이스트처치 국제공항
http://www.christchurch-airport.co.nz/
◎퀸스타운 국제공항
http://www.queenstownairport.co.nz/

● 철도
복잡하고 변화가 많은 지형의 영향으로 뉴질랜드의 철도는 그다지 발전하지 못했다. 중요한 도시나 마을을 경유하는 노선이 전부다.

● 시외버스
뉴질랜드의 고속도로망은 세밀하게 잘 발달되어 있어 시외버스를 타는 것은 뉴질랜드를 여행할 때 가장 좋은 교통수단이 된다. 그중 Inter City는 운행 범위가 넓고 노선이 다양하며, New mans와 연합으로 운영하고 있다. 운행 노선이 거의 대부분의 주요 명소와 도시들을 경유한다. 차체가 녹색인 Kiwi와 홍색인 Magic은 숙박시설과 연계한 일종의 패키지 코스여행노선을 운행하고 있다.

● 교통정보
트램, 관광마차, 택시

● 자가운전
뉴질랜드의 렌터카 사이트는 상당히 발달되어있다. 신분증만 있으면 각 공항에서 바로 차를 대여할 수 있다. 도로상황도 매우 좋아 렌터카 여행에 적합하다. 단 우리나라와 달리 오른쪽으로 운전한다는 것을 명심하자.

● 배
북 섬의 웰링턴과 남 섬의 픽튼 사이를 오가는 페리호가 운항되고 있다.
www.interislandline.co.nz

그 밖의 필수 아이템

여행자보험

여행자보험이란 여행을 끝마치고 귀국할 때까지 생긴 사고에 대한 보상을 해주는 일회성 보험이다. 보험신청은 보험회사 화재부와 여행사를 통해 할 수 있으며, 공항의 여행보험 판매계에서 출국 직전에도 쉽게 할 수 있다. 보상금에 따라 보험금의 차이가 있지만 보통 2만 원 가량의 보험금이 지출된다.

국제운전면허증

해외여행을 위한 여권 소지자는 약간의 수수료와 간단한 절차를 통해 국제 운전면허증을 국내에서 발급받을 수 있으며, 해외에서 사용할 수 있다.
• 발급장소 : 거주지 관할 운전면허 시험장
• 구비서류 : 운전면허증, 여권, 여권사진 2매
• 유효기간 : 1년

국제학생증

만약 학생인 경우에는 국제학생증 (International Student Identity Card)을 발급받아 떠나는 것이 좋다. 국제학생증을 제시하면 박물관, 미술관, 극장, 레스토랑 등에서 여러 가지 할인혜택을 받을 수 있다. 한국에서 국제학생증을 발급받지 못했다면 현지에서 발급받을 수 있다. 국제학생증은 대부분의 국가에서 취급하기 때문에 발급받는 장소만 알고 있다면 오히려 우리나라보다 간편하게 즉석에서 받을 수도 있다.

- 발급장소 : ISEC 국제학생증 한국 본사나 서울 종각역 근처 대부분 여행사에서 발급가능
- 구비서류 : 재학증명서, 신분증, 여권사진 1매
- 발급비용 : 14,000원
- 소요시간 : 접수 후 2일 이내 발송

신용카드

해외여행을 갈 때에는 사용할 일이 없더라도 만약을 대비해 신용카드를 가져가는 것이 좋다. 신용카드는 휴대가 간편하고 분실했을 경우 즉시 신고하면 보상받을 수 있다는 장점 뿐만 아니라 카드 종류에 따라 마일리지나 포인트 적립을 받아서 상품이나 현금으로 사용하는 등 여러 가지 혜택을 받을 수 있기 때문이다.

여행자수표(T/C)

여행자수표는 현금 대신 사용할 수 있고 한도가 있으므로 사용 예산을 조절할 수 있다. 현지 은행에서 현금으로 교환 가능하며 환율이 현금보다 유리하다는 장점이 있다. 또한 분실/도난시 재발급을 받을 수 있어 안정성을 보장받을 수 있다. 하지만 모든 곳에서 사용할 수 있는 것은 아니며 발행회사의 환전소가 아닐 경우 수수료를 물게 된다는 단점도 있다. 발행회사는 AMEX와 VISA 두 곳이 있고 국민은행이나 외환은행에서 발급받을 수 있다. 여행자수표는 발급 즉시 서명하고 사용할 때 다시 서명해야 하며, 서명란 두 곳이 모두 서명되어 있으면 사용할 수 없다.

옷 사이즈 조견표

Korea	NZ	UK	US
44	S	6-8	0-2
55	M	8-10	4-6
66	L	12-14	8-10
77	XL	16-18	12-14
88	XXL	20-22	16-18

신발 사이즈 조견표

Korea	NZ	UK	US
230	4.5	4	6
235	5	4.5	6.5
240	5.5	5	7
245	6	5.5	7.5
250	6.5	6	8
255	7	6.5	8.5
260	7.5	7	9
265	8	7.5	9.5
270	8.5	8	10
275	9	8.5	11.5

여행자수표 Q & A

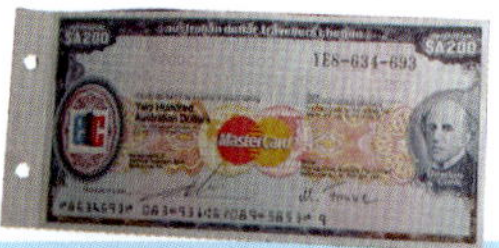

Q : 여행자수표는 어디에 쓰면 좋나요?

A : 해외 여행 : 많은 관광지에는 소매치기가 횡행합니다. 여행자수표는 현금을 대신하는 것으로 지갑에 계속 신경 쓰지 않고 여행을 즐길 수 있습니다. 또한 여행자수표를 사용하면 여행 경비를 조절할 수 있습니다. 신용카드와 달리 있는 만큼 쓰는 것이기 때문에 예산 범위 내에서 사용 가능합니다.

해외 출장 : 해외 전시회에 참가하거나 제품을 구입할 때, 대부분 현지에서 즉시 지불해야 하는 경우가 많습니다. 계약금을 내거나, 샘플 구입비를 결제할 때, 혹은 예상치 못한 지출이 발생하거나, 카드를 받지 않는 경우에도 여행자수표는 적절하게 사용 가능합니다. 또 현지 은행에서 현금으로 교환할 수 있기 때문에 현금을 가지고 출국하는 것보다 안전합니다.

해외 유학 : 여행자수표는 학비, 생활비를 지불하는 수단으로도 사용 가능합니다. 단기 연수의 경우 체류기간이 비교적 짧아 일반적으로 해외에서 통장개설을 하지 않습니다. 그러므로 여행자수표로 학비, 생활비 등을 지불하는 것은 안전하면서도 신용카드의 한도 제한에 구애받지 않는 가장 편리한 선택입니다. 유학의 경우, 준비해야 할 비용이 더욱 큽니다. 현지에서 통장을 개설하기 전에 사용할 돈을 안전하게 준비하는 방법으로 여행자수표가 유용하게 사용됩니다.

이외에도 여행자수표를 구입할 때는 환율이 일반적으로 현금보다 유리합니다. 환율이 낮아 출국 이전부터 약간의 비용을 절약할 수 있고, 또한 안전하다는 장점이 있습니다.

Q : 어디에서 아멕스 여행자수표를 살 수 있나요?

A : 은행과 온라인에서 여행자수표 구입이 가능합니다.

▶ 은행 : 지점을 포함한 전국 각 은행에서 구입 가능. 단, 외한은행에서는 호주 달러와 영국 파운드, 일본 엔화, 캐나다 달러만 구입 가능.

▶ 인터넷 예약 : 우리은행과 신한은행 웹싸이트에서 온라인으로 구매할 수 있음.

자세한 내용은 http://www.americanexpress.com/korea 참고.

Q : 여행자수표를 구입하려면 어떤 절차가 필요하나요?

A : 여행자수표 구입은 현금 환전과 마찬가지로 간단합니다. 신분증과 현금만 있으면 구입 가능합니다.

Q : 여행자수표를 분실하면 현지에서 재발급 가능한가요?

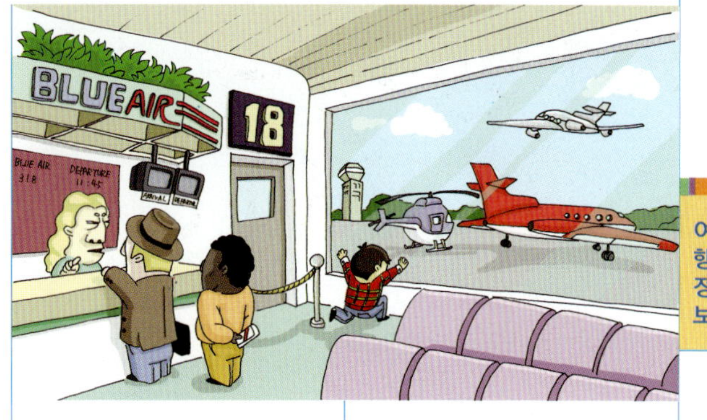

A : 아멕스 여행자수표는 전 세계 84,000여 은행과 환전소 등의 파트너와 함께 일하고 있으며, 동시에 2,200개의 여행 서비스센터를 두고 있습니다. 여행자수표 분실 시 일반적으로 모두 현지에서 재발급이 가능하며, 수수료는 없습니다. 다음 여행지에서 재발급 신청하셔도 됩니다.

Q : 왜 여행자수표를 사용하는 것이 경제적이고 혜택이 많다고 하나요?

A : 여행자수표를 구입할 경우 외화를 현금으로 구입하는 것보다 일반적으로 쌉니다. 외국에서 현지화폐로 교환하려고 할 때, 수수료를 면제해 주는 환전소도 많기 때문에 어떤 때에는 더 많은 현지화폐를 손에 쥘 수 있습니다. 수수료 등에서 돈을 아낄 수 있을뿐더러 수지타산이 잘 맞는 방법입니다.

Q : 해외 유학을 할 때, 학비와 생활비를 가지고 나가려고 합니다. 어떤 방식을 선택해야 좋을까요?

A : 여러 방법을 병행해서 사용하는 것이 좋습니다. 위험이 적으면서도 편리하게 사용할 수 있어야 합니다. 예를 들어 캐나다에 1년 정도 간다고 하면 학비는 1만 캐나다 달러, 생활비는 8천 달러 정도 소요됩니다. 학비를 현지에서 지불한다면 여행자수표를 이용하는 것이 가장 좋습니다. 생활비의 70% 정도는 여행자수표, 20% 정도는 신용카드, 10%는 현금으로 사용하는 것이 좋습니다.

여행자수표의 사용방법

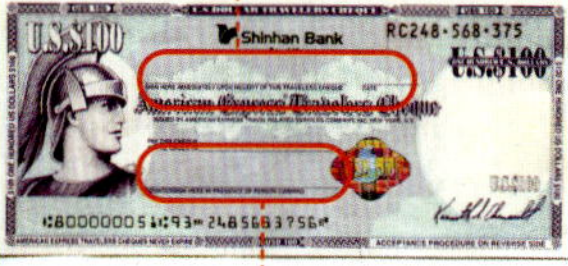

1. 구입 후 즉시 서명 : 구입 후 즉시 수표 왼쪽 상단에 사인합니다. 어느 언어도 무방합니다.

2. 사용 시 재서명 : 사용할 때에 수취인의 앞에서 왼쪽 하단에 상단과 일치하는 사인을 하면 됩니다.

3. 따로 보관 : 구매계약서와 여행자수표는 따로 보관하세요. 만약 여행자수표를 분실, 훼손한 경우 구매계약서를 가지고 각지의 분실배상서비스센터에 가서 분실처리를 하도록 합니다.

여행 회화
Travel Conversation

출국과 입국

■ 기내에서

이 좌석이 어디 있는지 알려주시겠어요?
Could you help me to find my seat, please?
쿠 쥬 헬프 미 투 파인드 마이 씻, 플리즈?

탑승권을 보여 주시겠습니까?
May I see your boarding pass?
메아이 씨 유어 보딩 패스?

저와 자리를 바꿔주시겠어요?
Do you mind changing your seat with me?
두 유 마인드 체인징 유어 씻 위드 미?

음료는 무엇으로 하시겠습니까?
What would you like to drink?
왓 우 쥬 라익 투 드링크?

콜라 한 캔 주세요.
Coke, please.
코크 플리즈.

한국 잡지나 신문 있어요?
Do you have Korean magazines or news-papers?
두 유 해브 코리안 매거진스 오어 뉴스페이펄스?

뭐 마실 것 좀 주시겠어요?
Can I have something to drink?
캔 아이 해브 썸띵 투 드링크?

펜 좀 빌릴 수 있을까요?
Can I borrow a pen?
캔 아이 바뤄우 어 펜?

실례합니다만 저의 자리에 앉아계신 것 같은데요.
Excuse me. I think you're sitting in my seat.
익스큐즈 미. 아이 띵크 유아 씨링 인 마이 씻.

얼마나 더 가야합니까?
How many more hours to go?
하우 매니 모어 아월스 투 고?

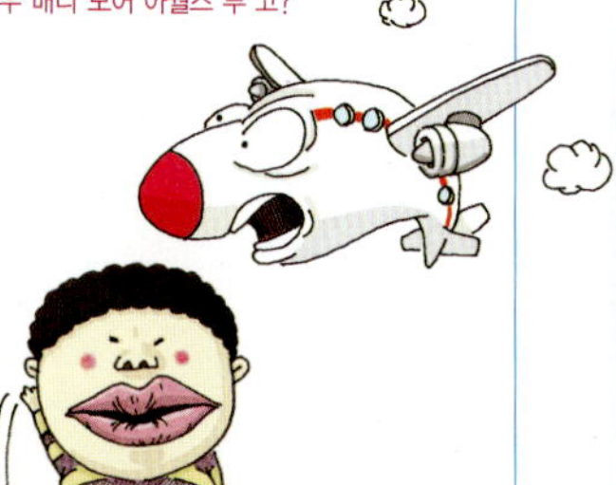

■ 입국심사

뉴질랜드 방문이 처음이십니까?
Is it your first visit to New Zealand?
이즈 잇 유어 퍼스트 비짓 투 뉴질랜드?

방문 목적이 무엇입니까?
What's the purpose of your visit?
왓츠 더 퍼포즈 오브 유어 비짓?

관광입니다.
For sightseeing.
포 싸이트씨잉.

돈을 얼마나 소지하고 계십니까?
How much money do you have?
하우 머취 머니 두 유 해브?

약 500 달러를 가지고 있습니다.
I have about $ 500.
아이 해브 어바웃 화이브 헌드뤠드 달러.

여권과 입국신고서를 볼 수 있을까요?
Can I see your passport and landing card, please?
캔 아이 씨 유어 패스포트 앤 랜딩 카드, 플리즈?

여기 있습니다.
Here they are.
히어 데이 아.

이 곳에 친척이 있습니까?
Do you have any relatives here?
두 유 해브 애니 렐러티브스 히어?

네. 삼촌이 웰링턴에 살고 있습니다.
Yes. My uncle is living in Wellington.
예스. 마이 엉클 이스 리빙 인 웰링턴.

아니오. 없습니다.
No, I don't have any.
노, 아이 돈 해브 애니.

뉴질랜드에 얼마 동안 머물 예정입니까?
How long are you going to stay in New Zealand?
하우 롱 아 유 고잉 투 스테이 인 뉴질랜드?

2주간 머물 예정입니다.
I'm going to stay for two weeks.
아임 고잉 투 스테이 포 투 윅스.

어디에서 머물 예정이십니까?
Where are you going to stay?
웨얼 아 유 고잉 투 스테이?

힐튼 호텔입니다.
At the Hilton Hotel.
앳 더 힐튼호텔.

■ 세관통과

신고할 물건이 있습니까?
Do you have anything to declare?
두 유 해브 애니띵 투 디클레어?

신고할 게 없습니다.
I have nothing to declare.
아이 해브 낫띵 투 디클레어.

가방에 뭐가 들어있는지 볼 수 있나요?
Can I see what's in your bag, please?
캔 아이 씨 왓츠 인 유어 백, 플리즈?

담배 한 보루가 있는데 제가 피우려고 샀습니다.
I've got a pack of cigarette. That's for my personal use.
아이브 갓 어 팩 오브 시가렛. 댓츠 포 마이 퍼스널 유스.

이 물건의 가격이 대략 얼마나 됩니까?
What's the approximate value of it?
왓츠 디 어프록시밋 밸류 오브 잇?

250달러를 주고 샀습니다.
I paid $ 250 for it.
아이 패이드 투헌드뤠드 앤 휘프티 달러스 포 잇.

개인적 용도로 가져왔습니다.
I brought it for my personal use.
아이 브로웃 잇 포 마이 퍼스널 유스.

관세 20달러를 내야 합니다.
You have to charge you a $ 20 duty for that.
유 해브 투 차쥐 어 트웨니 달러 듀리 포 댓.

과일이나 야채 혹은 동물 등이 있습니까?
Do you have any fruit or vegetables or animals?
두 유 해브 애니 프룻 오어 베쥐터블스 오어 애니멀스?

그것을 가지고 입국하는 것은 금지되어 있습니다.
You are not allowed to bring them in.
유 아 낫 얼라우드 투 브링 뎀 인.

176

■공항에서

이걸 달러로 환전할 수 있을까요?
Could you exchange this for dollars, please?
쿠 쥬 익스체인쥐 디스 포 달러스, 플리즈?

이 신고서를 어떻게 작성하는지 알려 주시겠어요?
Would you show me how to fill out this form, please?
우 쥬 쇼우 미 하우 투 필 아웃 디스 폼, 플리즈?

출구가 어느 쪽이죠?
Where's the exit?
웨어즈 디 에그짓?

관광안내소가 어디 있는지 아세요?
Do you know where the tourist information center is?
두 유 노 웨어 더 투어뤼스트 인포메이션 센터 이스?

환율이 어떻게 됩니까?
What's the exchang rate?
왓츠 디 익스체인쥐 뤠잇?

값싼 호텔 하나 추천해주시겠어요?
Could you recommend a cheap hotel?
쿠 쥬 레코멘드 어 칩 호텔?

예약 좀 해 주시겠어요?
Could you make a reservation for me, please?
쿠 쥬 메이크 어 레져베이션 포 미, 플리즈?

공항 셔틀버스를 어디에서 탈수 있나요?
Where can I take an airport shuttle bus?
웨어 캔 아이 테이크 언 에어포트 셔틀 버스?

시내지도 한 장 주시겠어요?
May I have a city map, please?
메아이 해브 어 씨리 맵, 플리즈?

관광안내책자 한 권 주세요.
Please, give me a tourist brochure.
플리즈, 깁 미 어 투어뤼스트 브로슈어.

약도를 좀 그려 주시겠어요?
Could you draw me a map, please?
쿠 쥬 드뤄우 미 어 맵, 플리즈?

버스 시간표 한 장 주세요.
Please, let me have a bus timetable.
플리즈, 렛 미 해브 어 버스 타임테이블.

지하철 노선도 있나요?
Do you have a subway route map?
두 유 해브 어 썹웨이 루트 맵?

교통수단의 이용

■Bus 이용

버스정류장이 어디죠?
Where's the bus stop?
웨어즈 더 버스 스탑?

길 건너에 있습니다.
It's on the opposite side of the road.
잇츠 온 디 오퍼짓 사이드 오브 더 로드.

요금이 얼마죠?
How much is the fare?
하우 머취 이스 더 훼어?

어른 한 명에 3달러입니다.
It's $ 3 for an adult.
잇츠 쓰리 달러 포 언 어덜트.

버스시간표를 어디서 구할 수 있나요?
Where can I get a bus timetable?
웨어 캔 아이 겟 어 버스 타임테이블?

1500번 버스를 어디서 타야합니까?
Where can I catch the number 1500 bus?
웨어 캔 아이 캣취 더 넘버 휘프틴헌드뤠드 버스?

어디서 내려야하나요?
Where should I get off?
웨어 슈드 아이 겟 오프?

갈아타야 하나요?
Do I have to transfer?
두 아이 해브 투 트렌스휠?

버스를 잘못 탄 것 같아요.
I think I took the wrong bus.
아 띵크 아 툭 더 롱 버스.

다음 버스는 몇 시죠?.
When's the next bus?
웬즈 더 넥스트 버스?.

어느 버스가 기차역을 지나가나요?
Do you know which bus goes by the train station?
두 유 노 위치 버스 고즈 바이 더 트뤠인 스테이션?

박물관 앞에서 내려주세요.
Drop me off in front of the Museum, please.
드롭 미 오프 인 프론트 오브 더 뮤지엄, 플리즈.

박물관까지 몇 정거장 남았나요?
How many stops do I have left to the Museum?
하우 매니 스탑스 두 아이 해브 레프트 투 더 뮤지엄?

여섯 정거장 남았어요.
Six more stops to go.
씩스 모어 스탑스 투 고.

캐드버리 월드에 가려면 어떤 버스를 타야하나요?
Which bus should I take to get to Cadbury World?
위치 버스 슈드 아이 테익 투 겟 투 캐드버리 월드?

45번 버스를 타세요.
Take the number 45 bus.
테익 더 넘버 포리 화이브 버스.

■Taxi 이용

택시 승강장이 어디입니까?
Where is a taxi stand?
웨어 이즈 어 택시 스탠드?

트렁크 좀 열어주시겠어요?
Could you open the trunk, please?
쿠 쥬 오픈 더 트렁크, 플리즈?

어디로 가십니까?
Where would you like to go?
웨어 우 쥬 라익 투 고?

이 주소로 데려다 주세요.
Take me to this address, please?
테익 미 투 디스 어드뤠스, 플리즈?

공항으로 급히 가야합니다.
I'm in a hurry to go to the airport.
아임 인 어 허뤼 투 고 투 디 에어포트.

기본요금이 얼마죠?
What's the basic rate?
왓츠 더 베이직 뤠잇?

공항까지 얼마나 걸릴까요?
How long does it take to go to the airport?
하우 롱 더즈 잇 테익 투 고 투 디 에어포트?

가장 빠른 길로 가주세요.
Please, take the shortest way.
플리즈, 테이크 더 쑈리스트 웨이.

여기서 내려주세요.
Stop here, please.
스탑 히어, 플리즈.

직진해서 세 블록만 가주세요.
Just go straight three blocks, please.
저스트 고 스트뤠잇 쓰뤼 블락스, 플리즈.

잔돈은 그냥 가지세요.
Keep the change.
킵 더 체인쥐.

잔돈이 없습니다.
I have no change.
아이 해브 노 체인쥐.

■렌트카 이용

차 한 대 렌트하고 싶습니다.
I'd like to rent a car, please.
아이드 라익 투 렌트 어 카, 플리즈.

어떤 차를 원하십니까?
What kind of car would you like?
왓 카인드 오브 카 우 쥬 라익?

179

자동차 목록을 보여주시겠어요?
Can I see your car list?
캔 아이 씨 유어 카 리스트?

세단 오토매틱으로 부탁합니다.
A sedan with an automatic Transmission, please.
어 세단 위드 언 오토메틱 트렌스미션, 플리즈.

수동 기어로 부탁합니다.
I'd like a car with a standard transmis-sion, please.
아이드 라익 어 카 위드 어 스텐다드 트렌스미션, 플리즈.

보험이 포함되었나요?
Does it include insurance?
더즈 잇 인클르드 인슈어런스?

종합보험으로 해주세요.
Full insurance, please.
풀 인슈어런스, 플리즈.

하루에 얼마입니까?
How much is the rate per day?
하우 머취 이즈 더 레잇 퍼 데이?

얼마동안 쓰실 거죠?
How long will you need it?
하우 롱 윌 유 니드 잇?

15일간 렌트하려고요.
I'll rent it for 15 days.
아일 렌트 잇 포 휘프틴 데이즈.

다음 달 말까지 필요해요.
I need it until the end of next month.
아이 니드 잇 언틸 디 엔드 오브 넥스트 먼쓰.

그것으로 하겠습니다.
Ok. I'll take it.
오케이 아일 테익 잇.

렌트 전에 차를 한 번 보고 싶습니다.
I'd like to see the car before I rent it.
아이드 라익 투 씨 더 카 비포 아이 렌트 잇.

■ 지하철 이용

이 역이 무슨 역이죠?
What stop are we at?
왓 스탑 아위 앳?

다음이 무슨 역이죠?
What stop is next?
왓 스탑 이스 넥스트?

가장 가까운 전철역이 어디인가요?
Where's the nearest subway station?
웨어즈 더 니어뤼스트 썹웨이 스테이션?

시내로 가려면 어떤 라인을 타야하나요?
Which line should I take to go down-town?
위치 라인 슈드 아이 테익 투 고 다운타운?

막차가 몇 시죠?
What time is the last train?
왓 타임 이즈 더 래스트 트뤠인?

이 라인의 종착역이 어디입니까?
What station is the end of this line?
왓 스테이션 이즈 디 엔드 오브 디스 라인?

어느 역에서 내려야 하나요?
Which station should I get off at?
위치 스테이션 슈드 아이 겟 오프 앳?

다음 역에서 내리세요.
Get off at the next station.
겟 오프 앳 더 넥스트 스테이션.

그린 라인을 타려면 어디로 가야하나요?
Where should I go to take the Green Line?
웨어 슈드 아이 고 투 테익 더 그린 라인?

시청에 가려면 어디서 갈아타나요?
Where should I transfer to get to the City Hall?
웨어 슈드 아이 트랜스퍼 투 겟 투 더 씨리홀?

박물관으로 가려면 몇 번 출구로 나가야하나요?
Which exit should I take for the museum?
위치 에그짓 슈드 아이 테익 포 더 뮤지엄?

B-4번 출구로 나가세요.
Take the B-4 exit.
테익 더 비-포 에그짓.

■ 길 묻기

길을 잃었어요.
I'm lost.
아임 로스트.

이 길의 이름은 뭐죠?
What's the name of this street?
왓츠 더 네임 오브 디스 스트릿?

이 근처에 백화점이 있나요?
Is there a department store near by?
이스 데얼 어 디파트먼트 스토어 니얼 바이?

이미 지나왔어요.
You've come too far.
유브 컴 투 파.

월터 피크 농장 가는 길 좀 가르쳐주시겠어요?
Could you tell me the way to Walter Peak Farm?
쿠 쥬 텔 미 더 웨이 투 더 월터 피크 팜?

공중전화가 어디 있습니까?
Where can I find a public phone?
웨어 캔 아이 파인드 어 퍼블릭 폰?

다음 신호등에서 오른쪽으로 가세요.
Turn right at the next traffic light.
턴 롸잇 앳 더 넥스트 트뤠픽 라잇.

저도 이 근방의 지리를 잘 몰라요.
I just don't know the way around here.
아이 저스트 돈 노 더 웨이 어롸운 히어.

다음 모퉁이에서 우측으로 돌아가세요.
Turn left at the next corner.
턴 레프트 앳 더 넥스트 코너.

이 길을 따라가세요.
Just go along this street.
저스트 고 어롱 디스 스트릿.

소방서 건너편에 있어요.
It's across the street from the fire house.
잇츠 어크로스 더 스트릿 프롬 더 파이어 하우스.

경찰에게 물어보는게 좋겠네요.
You'd better ask the police officer.
유드 베러 애스크 더 폴리스 오피서.

이 지도에서 제가 있는 곳이 어디죠?
Where on this map am I?
웨어 온 디스 맵 앰 아이?

여기서 월터 피크 농장까지 먼가요?
Is Walter Peak Farm far from here?
이즈 월터 피크 팜 파 프롬 히어?

호텔에서

■호텔 예약과 체크인

예약을 하고 싶은데요.
I'd like to make a reservation, please.
아이드 라익 투 메이크 어 레저베이션, 플리즈.

이틀간 묵을 2인실 하나를 예약하고 싶은데요.
I'd like to book a twin room for two nights.
아이드 라익 투 북 어 트윈 룸 포 투 나잇츠.

언제 도착하시나요?
When do you arrive?
웬 두 유 어롸이브?

1월 13일 오후에 도착할 겁니다.
I'll arrive there on the 13th of January in the afternoon.
아일 어롸이브 데어 온 더 썰틴스 오브 재뉴어뤼 인 디 앱터눈.

얼마 동안 묵을 예정이십니까?
How long will you stay?
하우 롱 윌 유 스테이?

3일간 묵을 예정입니다.
I'll stay for 3 nights.
아일 스테이 포 쓰뤼 나잇츠.

이준하라는 이름으로 예약을 했습니다.
I have a reservation under the name of Jun Ha Lee.
아이 해브 어 뤠저베이션 언더 더 네임 오브 준하 리.

예약 확인서를 보여주시겠습니까?
May I see your confirmation slip, please?
메아이 씨 유어 컨훠매이션 슬립, 플리즈?

성함을 말씀해 주시겠습니까?
May I have your name, please?
메아이 해브 유어 네임, 플리즈?

죄송합니다. 모두 예약이 끝났습니다.
I'm sorry, rooms are all booked up.
아임 쏘리. 룸스 아 올 북트 업.

숙박카드를 작성해주시겠습니까?
Could you fill out the registration form, please?
쿠 쥬 휠 아웃 더 뤠지스트뤠이션 폼, 플리즈?

어떻게 작성하는지 가르쳐주시겠습니까?
Could you tell me how to write it, please?
쿠 쥬 텔 미 하우 투 롸잇 잇, 플리즈?

여기에 성함과 국적, 그리고 여권번호를 적으시면 됩니다.
Just write your name and nationality, and also your passport number here.
저스트 롸잇 유어 네임 앤 내셔널리티, 앤 올소 유어 패스포트 넘버 히어.

어떤 방을 원하십니까?
What kind of room would you like?
왓 카인드 오브 룸 우 쥬 라이크?

전망이 좋은 2인실로 부탁합니다.
I'd like a double room with a nice view.
아이드 라이크 어 더블 룸 위드 어 나이스 뷰.

방을 먼저 볼 수 있을까요?
Can I see the room first?
캔 아이 씨 더 룸 훨스트?

체크인 해주세요.
I'd like to check in, please.
아이드 라익 투 체크인, 플리즈.

하룻밤 숙박료가 얼마죠?
How much for one night?
하우 머취 포 원 나잇?

더 싼 방 있나요?
Do you have anything cheaper?
두 유 해브 애니띵 췹퍼?

아침식사가 포함된 요금인가요?
Does this rate include breakfast?
더즈 디스 뤠잇 인클루드 브렉퍼스트?

■ 호텔 서비스

룸서비스를 어떻게 부르죠?
How can I call room service?
하우 캔 아이 콜 룸 서비스?

룸서비스가 몇 시에 끝나나요?
What time does room service stop serving?
왓 타임 더즈 룸 서비스 스탑 서빙?

서울로 국제전화를 걸고 싶습니다.
I'd like to make a call to Seoul, Korea.
아이드 라익 투 메이크 어 콜 투 서울 코리아.

6시에 모닝콜 좀 해주세요.
I'd like to get a wake-up call at 6:00.
아이드 라익 투 겟 어 웨이크-업 콜 앳 씩스.

귀중품을 여기에 맡길 수 있을까요?
Can I keep my valuables here?
캔 아이 킵 마이 밸류어블스 히어?

세탁 서비스가 가능한가요?
Do you have a laundry service?
두 유 해브 어 론드뤼 서비스?

팁입니다.
Here's your tip.
히얼스 유어 팁.

여기 한국어를 할 줄 아는 사람이 있나요?
Does someone here speak Korean?
더즈 섬원 히어 스픽 코리안?

짐을 방으로 옮겨줄 사람이 필요한데요.
I need someone to bring my baggage up.
아이 니드 섬원 투 브링 마이 배기쥐 업.

방에 금고가 있습니까?
Does the room have a safety box?
더즈 더 룸 해브 어 세이프티 박스?

인터넷을 어디서 이용할 수 있어요?
Where can I use the internet?
웨어 캔 아이 유스 디 인터넷?

식당 예약을 좀 해주시겠어요?
Could you make a reservation for a restaurant, please?
쿠 쥬 메이크 어 뤠저베이션 포 러 뤠스토런, 플리즈?

이 소포를 한국으로 보내주세요.
I'd like to send this parcel to Korea.
아이드 라익 투 센드 디스 파슬 투 코리아.

공항 셔틀버스가 얼마나 자주 오나요?
How often does the airport shuttle bus come?
하우 오픈 더즈 디 에어포트 셔를 버스 컴?

■ 체크아웃

5시까지 짐을 맡길 수 있을까요?
Could you keep my baggage until five o'clock?
쿠 쥬 킵 마이 배기쥐 언틸 화이브 어클락?

몇 시에 체크아웃을 해야 하나요?
When's the check out time?
웬즈 더 체크아웃 타임?

하루 더 묵고 싶은데요.
I'd like to stay one more night.
아이드 라익 투 스데이 원 모어 나잇.

하루 일찍 나가고 싶은데요.
I'd like to leave one day earlier.
아이드 라익 투 리브 원 데이 얼리어.

체크아웃 부탁합니다.
Check out, please.
체크아웃, 플리즈.

11시 30분에 체크아웃 하겠습니다.
I'm going to check out at 11:30.
아임 고잉 투 체크아웃 앳 일레븐 써리.

방에 뭘 두고 왔어요.
I left something in my room.
아이 레프트 썸띵 인 마이 룸.

로비로 짐 옮기는 걸 도와주시겠어요?
Could you help me to take my baggage
down to the lobby, please?
쿠 쥬 헬프 미 투 테이크 마이 배기쥐 다운 투 더
로비, 플리즈?

택시를 불러주시겠어요?
Could you call a taxi for me?
쿠 쥬 콜 어 택시 포 미?

합계요금이 얼마죠?
How much is the total charge?
하우 머취 이즈 더 토럴 차아쥐?

계산서 주세요.
Bill, Please.
빌, 플리즈.

카드로 계산해도 되나요?
Can I pay by credit card?
캔 아이 패이 바이 크뤠딧 카드?

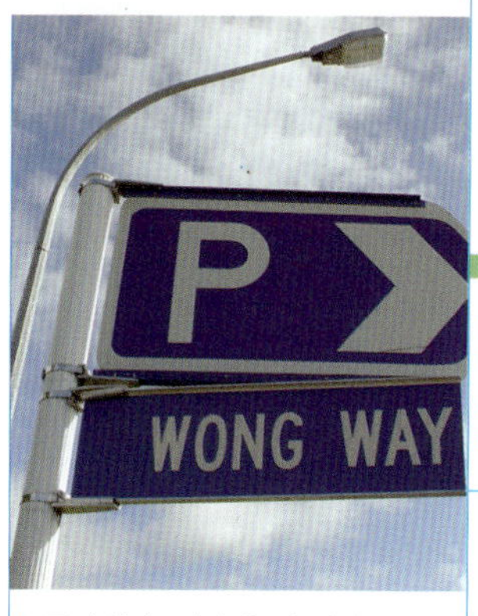

요금이 생각보다 높은 것 같아요.
This seems a little high.
디스 씸스 어 리를 하이.

계산에 실수가 있는 것 같은데요.
I think there is a mistake in this bill.
아이 띵크 데얼 이스 어 미스테이크 인 디스 빌.

제 비자카드로 해주세요.
Put it on my VISA, please.
풋 잇 온 마이 비자, 플리즈.

여행자수표도 취급하나요?
Do you accept traveler's checks?
두 유 억셉트 트뤠블러스 첵스?

맡긴 귀중품을 찾고 싶은데요.
I'd like my valuables back.
아이드 라이크 마이 밸류어블스 백.

짐이 4개 있어요.
I have four pieces of baggage.
아이 해브 포 피시스 오브 배기쥐.

식당 · 쇼핑

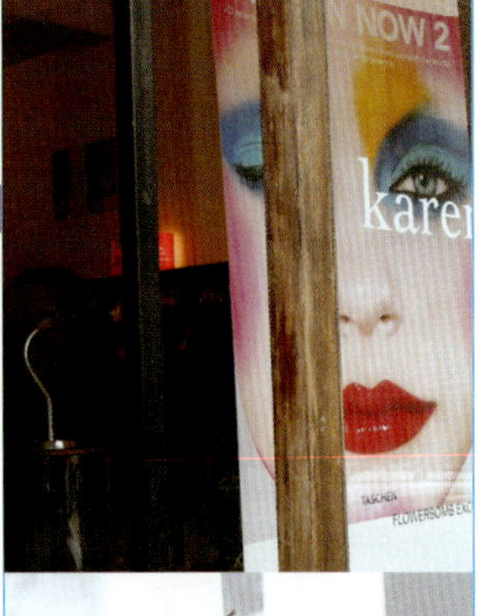

■ 주문하기

메뉴 좀 주세요.
Menu, please.
메뉴, 플리즈.

주문하시겠습니까?
May I take your order, please?
메아이 테익 유어 오더, 플리즈?

음료를 먼저 주문하겠습니다.
We'd like to order drinks first.
위드 라익 투 오더 드링크스 퍼스트.

조금만 더 기다려주시겠어요?
Would you give me a few more minutes?
우 쥬 깁 미 어 퓨 모어 미닛츠?

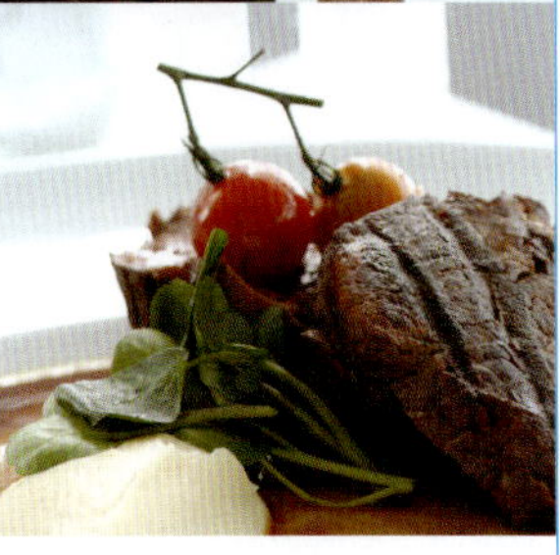

이 식당에서 잘하는 요리가 뭐죠?
What's the specialty of the house?
왓츠 더 스페셜티 오브 더 하우스?

오늘의 특별요리가 뭐죠?
What's today's special?
왓츠 투데이스 스페셜?

이것과 이걸로 하겠습니다.
I'll have this and this, please.
아일 해브 디스 앤 디스, 플리즈.

저것과 같은 걸로 주세요.
I'd like to have the same dish as that.
아이드 라익 투 해브 더 쌔임 디쉬 애즈 댓.

더 필요한 거 있으십니까?
Anything else?
애니띵 엘스?

디저트는 무엇으로 하시겠습니까?
What would you like to have for dessert?
왓 우 쥬 라익 투 해브 포 디저트?

■쇼핑하기

여성복 매장은 몇 층에 있나요?
Which floor is women's wear on?
위치 플로어 이스 위민스 웨어 온?

이 근처에 면세점이 있나요?
Is there a duty-free shop around here?
이스 데얼 어 듀리-프리 샵 어라운드 히어?

전자제품을 어디서 살 수 있어요?
Where can I buy an electronic goods?
웨어 캔 아이 바이 언 일렉트로닉 굿즈?

찾으시는 물건 있으세요?
May I help you?
메아이 헬프 유?

그냥 구경하고 있어요.
I'm just looking around.
아임 저스트 룩킹 어라운드.

저쪽에 저것 좀 보여주시겠어요?
Could you show me that one there, please?
쿠 쥬 쇼우 미 댓 원 데어, 플리즈?

여자 친구에게 선물할 목걸이를 찾고 있어요.
I'm looking for a necklace for my girl friend.
아임 룩킹 포 러 넥클레이스 포 마이 걸프렌드.

이거 6사이즈 있어요?
Have you got this in size 6?
해 뷰 갓 디스 인 사이즈 식스?

다른 것 좀 보여주시겠어요?
Could you show me another one, please?
쿠 쥬 쇼 미 어나더 원, 플리즈?

면세품인가요?
Is it tax-free?
이즈 잇 택스 프리?

이 향수 좀 보여주시겠어요?
Would you show me this perfume?
우 쥬 쇼 미 디스 퍼퓸?

입어 봐도 되나요?
Can I try this on?
캔 아이 트라이 디스 온?

탈의실이 어디죠?
Where is the fitting room?
웨어 이스 더 휘링 룸?

어떤 종류의 색상이 있나요?
What kind of colors do you have?
왓 카인드 오브 컬러스 두 유 해브?

긴급 상황

■ 분실·도난

분실물 취급소가 어디죠?
Where is the lost and found?
웨어 이스 더 로스트 앤 화운드?

여권을 잃어버렸어요.
I lost my passport.
아이 로스트 마이 패스포트.

제 카메라를 잃어버렸어요.
I lost my camera.
아이 로스트 마이 캐머라.

가방을 버스에 두고 내렸어요.
I left my bag on the bus.
아이 레프트 마이 백 온 더 버스.

어디서 잃어버렸는지 모르겠어요.
I don't know where I lost it.
아이 돈 노 웨얼 아이 로스트 잇.

만약 찾으시면 이 번호로 전화주세요.
Please, call me at this number if you find it.
플리즈, 콜 미 앳 디스 넘버 이프 유 파인드 잇.

도둑이야! 저놈 잡아라!
Thief! Get him!
띠프! 겟 힘!

누가 제 가방을 빼앗아갔어요.
Someone took my bag.
썸원 툭 마이 백.

제 시계를 도난당했어요.
I had my watch stolen.
아이 해드 마이 왓치 스톨른.

어젯밤 제 방에 도둑이 들었어요.
Someone broke into my room last night.
썸원 브로크 인투 마이 룸 라스트 나잇.

■ 교통사고

누가 경찰 좀 불러주세요!
Somebody call the police!
썸바리 콜 더 폴리스!

위급 상황이에요.
It's an emergency!
잇츠 언 이멀젼씨!

구급차를 불러주세요.
I need an ambulance.
아이 니드 언 엠뷸런스.

교통사고가 났어요.
There's been a car accident.
데얼스 빈 어 카 액시던트.

교통사고를 당했어요.
I was in a car accident.
아이 워스 인 어 카 액시던트.

여기 부상당한 사람이 있어요.
There's an injured person here.
데얼스 언 인줘어드 펄슨 히어.

부상 상태가 어떤가요?
Tell me the healing of your injury?
텔 미 더 힐링 오브 유얼 인줘리?

출혈이 심합니다.
He is bleeding badly.
히 이즈 블리딩 배들리.

의식이 없어요.
He is unconcious.
히 이즈 언컨셔스.

숨을 못 쉬겠어요.
I can't breathe.
아이 캔트 브레뜨.

■ 병원에서

보험에 가입되어 있나요?
Do you have insurance?
두 유 해브 인슈어런스?

여행자보험이 있어요.
I have traveler's insurance.
아이 해브 트뤠블러스 인슈어런스.

진찰을 받고 싶은데요.
I need to see a doctor.
아이 니드 투 씨 어 닥터.

여기 한국어를 하는 의사가 있나요?
Is there a Korean-speaking doctor here?
이즈 데얼 어 코리안-스피킹 닥터 히어?

어디가 이상하시죠?
What seems to be the problem?
왓 씸스 투 비 더 프라블럼?

증상이 어떻습니까?
What are your symptoms?
왓 아 유어 씸텀스?

그가 다리 위에서 떨어졌어요.
He fell down from the bridge.
히 펠 다운 프롬 더 브릿지.

그가 기절했어요.
He fainted.
히 페인티드.

제 친구가 자동차에 치였어요.
A car ran over my friend.
어 카 랜 오버 마이 프렌드.

제 친구에게 응급처치를 해주시겠어요?
Could you apply first aid to my friend, please?
쿠 쥬 어플라이 퍼스트 에이드 투 마이 프렌드, 플리즈?

몸이 아파요.
I feel sick.
아이 필 씩.

감기에 걸린 것 같아요.
I think I've got a cold.
아이 띵크 아이브 갓 어 콜드.

열이 있어요.
I have a fever.
아이 해브 어 피버.

두통이 있어요.
I have a headache.
아이 해브 어 헤드에익.

설사를 해요.
I've got the runs.
아이브 갓 더 런스.

기침이 멈추질 않아요.
I can't stop coughing.
아이 캔트 스탑 커휭.

계속 구토를 해요.
I keep throwing up.
아이 킵 쓰로윙 업.

여기가 아파요.
I feel pain here.
아이 필 페인 히어.

뭐가 잘못 된 거죠?
What's wrong with me?
왓츠 롱 위드 미?

식중독인 것 같네요.
Looks like you've got food poisoning.
룩스 라이크 유브 갓 푸드 포이져닝.

■약국에서

아스피린 있어요?
Can I have some aspirin?
캔 아이 해브 썸 애스퍼륀?

몸이 안 좋아요.
I don't feel well.
아이 돈 필 웰.

반창고 좀 주세요.
I need some band-aids, please.
아이 니드 썸 밴드-애이즈, 플리즈.

진통제 있어요?
Do you have painkillers?
두 유 해브 패인-킬러스?

안약 좀 주세요.
Can I have eye-drops, please.
캔 아이 해브 아이-드랍스, 플리즈.

소화불량에 어떤 약을 먹어야 하나요?
What should I get for indigestion?
왓 슈드 아이 겟 포 인디제스쳔?

여기 처방전이 있어요.
Here's the prescription.
히얼스 더 프뤼스크립션.

이 처방전대로 조제해주세요.
Could I get this prescription filled?
쿠드 아이 겟 디스 프뤼스크립션 휠드?

처방전 없인 판매할 수 없습니다.
I can't sell this without a prescription.
아이 캔트 쎌 디스 위다웃 어 프뤼스크립션.

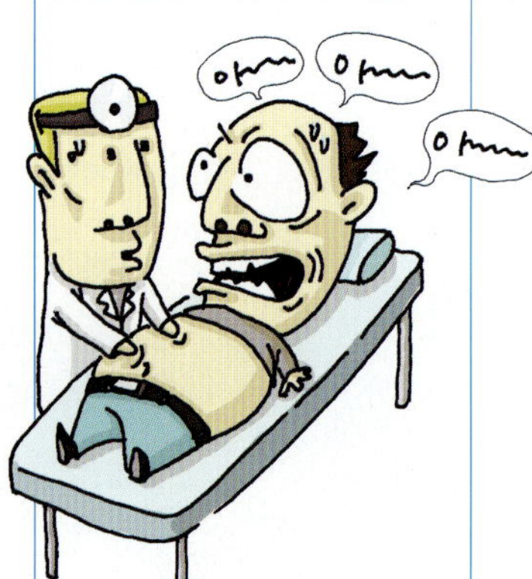

이 약을 어떻게 복용하죠?
How do I take this medicine?
하우 두 아이 테익 디스 메디씬?

얼마나 자주 복용해야 하나요?
How often do I take this pill?
하우 오픈 두 아이 테익 디스 필?

하루에 몇 알을 복용해야 하나요?
How many tablets should I take a day?
하우 매니 타블릿츠 슈드 아이 테이크 어 데이?

식사 전에 복용해야 하나요?
Should I take it before eating?
슈드 아이 테이크 잇 비포어 이링?

부작용은 없나요?
Are there any side effects?
아 데어 애니 사이드 이풱츠?

알레르기 있으세요?
Do you have any allergies?
두 유 해브 애니 알러지스?

이게 고통을 완화시켜줄 것입니다.
This will relieve your pain.
디스 윌 륄리브 유어 패인.

이걸 복용하면 통증이 나아질 것입니다.
If you take this pill, it will ease your pain.
이프 유 테이크 디스 필, 잇 윌 이즈 유얼 페인.

얼마 동안이나 안정을 취해야 하나요?
How long do I have to stay at home?
하우 롱 두 아이 해브 투 스테이 앳 홈?

여행을 잠시 멈춰야만 하나요?
Do I have to stop traveling for a while?
두 아이 해브 투 스탑 트뤠블링 포 러 와일?

지금은 한결 나아졌어요.
I feel much better now.
아이 필 머취 베러 나우.

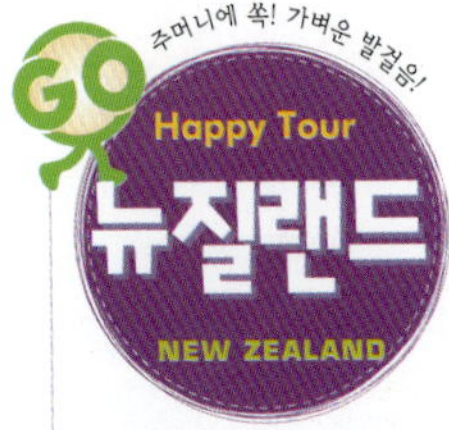

초판 인쇄일 _ 2008년 9월 5일
초판 발행일 _ 2008년 9월 12일
발행인 _ 박정모
발행처 _ 도서출판 혜지원
주소 _ 서울시 동대문구 장안 1동 420-3호
전화 _ 영업부 02)2212-1227, 2213-1227
전화 _ 편집부 02)2249-7975
팩스 _ 02)2247-1227
홈페이지 _ http://www.hyejiwon.co.kr
지은이 _ MOOK 편집실
기획·진행 _ 강은혜, 유신향
교정·교열 _ 송유선
디자인, 본문편집 _ 지미숙
표지디자인 _ 김경미
영업마케팅 _ 김남권, 황대일, 고광수, 서지영
ISBN _ 978-89-8379-573-1
       978-89-8379-539-7 (세트)
정가 _ 7,800원

잘못 만들어진 책은 구입한 서점에서 교환해 드립니다.

우리은행 환율우대 쿠폰안내

- 본 쿠폰은 1인 1회에 한하여 사용가능합니다.(개인에 한함)
- 우리은행 전 영업점(인천국제공항지점 제외)에서 외화현찰, 여행자수표를 환전하거나
  해외송금시 우대환율을 적용하여 드립니다.(중국화폐CNY는 30% 우대)
  – 할인우대율 : 당일고시 매매기준율과 대고객매매율 차이의 환전수수료 50~30%를 우대
- 본 쿠폰은 다른 우대조치와 중복하여 사용하실 수 없으며, 우대율은 은행사정에따라 조정될 수 있습니다.

유학이주센터

세종로 유학이주센터	02)399-2742	목동 유학이주센터	02)2652-4030	테헤란로 유학이주센터 02)554-3071/3
연희동 유학이주센터	02)324-7001	종로 YMCA 유학이주센터	02)738-8472	연세 유학이주센터 02)313-3198
압구정동 유학이주센터	02)541-2947	대치역 유학이주센터	02)569-9031	대치남 유학이주센터 02)567-0483
분당중앙 유학이주센터	031)704-1541	일산중앙 유학이주센터	031)919-0501	서면 유학이주센터 051)804-2007
도곡스위트 유학이주센터	02)2058-1100	수영만 유학이주센터	051)747-9701	

※ 무료상담전화 : 080-365-5000

쿠폰사용방법

www.with09.net 접속 ---> 회원가입 후 가입경로 "동호회 추천" ---> 우측 코드란에 쿠폰 NO.W214619-1948입력
가입완료되시면 전품목 할인된 가격으로 표기됩니다.

✖ 대표상품

이민가방, 여행가방, 전통기념품, 트랜스, 전세계 플러그, 침낭, 압축팩, 전기장판,
전자사전 등 전세계 출국준비물 **국내 최저가 판매**

문의전화 : (02)374-6227 / 010-6313-1664

공항고속/센트럴시티 리무진 버스 할인권 안내

Limousine Bus Discount Coupon

★ 이용구간

- 인천국제공항 → 강남 센트럴시티 방면
- 인천국제공항 → 서울역, 용산역 방면

승차권 구입장소 : 입국장(1층) 4A, 10B 출입구 옆 승차권 판매소

성함		E-mail		내용을 기입하셔야 이용 가능합니다.

★ 승차권 구입시 우대권 제출해 주십시오.(1인 1매에 한하여 타 쿠폰과 중복사용 불가)
★ 문의전화 : 센트럴시티 02)6282-0652 서울역 / 용산역 02)775-7915

공항고속/센트럴시티 리무진 버스 할인권 안내

Limousine Bus Discount Coupon

★ 이용구간

- 센트럴시티 → 인천국제공항(센트럴시티내 호남선터미널 1층 리무진 매표소)
- 서울역 → 인천국제공항(서울역 광장 역전파출소 앞 리무진 매표소)
- 용산역 → 인천국제공항(용산역 지상3층 달 주차장 리무진 매표소)

성함		E-mail		내용을 기입하셔야 이용 가능합니다.

★ 승차권 구입시 우대권 제출해 주십시오.(1인 1매에 한하여 타 쿠폰과 중복사용 불가)
★ 문의전화 : 센트럴시티 02)6282-0652 서울역 / 용산역 02)775-7915